LA LETTRE ÉLECTRIQUE

NOUVEAU SERVICE TÉLÉGRAPHIQUE

LA

LETTRE ÉLECTRIQUE

NOUVEAU SERVICE TÉLÉGRAPHIQUE

LE TÉLÉGRAPHE ÉLECTRIQUE RENDU POPULAIRE

1° PAR L'EXTENSION DONNÉE AUX DÉPÊCHES ET LA FACILITÉ D'EN SAUVEGARDER LE SECRET COMME POUR LES LETTRES CONFIÉES A LA POSTE;

2° PAR L'ABAISSEMENT DES TARIFS ÉTABLIS SUR UNE BASE RATIONNELLE;

3° PAR DES MOYENS NOUVEAUX PERMETTANT L'AUGMENTATION CONSIDÉRABLE DES TRANSMISSIONS AVEC LE MÊME PERSONNEL ET SANS AUGMENTATION SENSIBLE DU MATÉRIEL ACTUEL.

PAR

E. ARNOUX

CHEF D'ESCADRON AU CORPS D'ARTILLERIE DE LA MARINE

A des Besoins nouveaux il faut des Moyens nouveaux.

Le Flambeau de la Critique doit éclairer et non brûler.
FAVART.

PARIS
ARTHUS BERTRAND, ÉDITEUR
LIBRAIRIE MARITIME ET SCIENTIFIQUE
rue Hautefeuille, 21

1867

AVERTISSEMENT

Nous allons exposer d'une manière complète, et de façon à être compris de tous nos lecteurs, le but que nous nous sommes proposé dans cette Etude.

A quelque point de vue que l'on se place, on arrive forcément à cette conclusion que, pour parvenir à populariser l'emploi du télégraphe électrique, il faut :

1° Garantir le secret des dépêches comme pour les lettres transmises par la poste ;

2° Abaisser la taxe télégraphique, en l'établissant sur une base équitable et rationnelle ;

3° Enfin augmenter considérablement le nombre des transmissions, en augmentant le moins possible le personnel et le matériel actuels.

Ce Travail a pour objet la recherche des moyens propres à réaliser cette triple conclusion. Nous y mettions la dernière main, quand le Corps Législatif vota, il y a quelques mois, la loi qui autorise dans notre pays l'échange des dépêches secrètes privées. Le vœu si ardent que nous formions depuis longtemps est donc enfin exaucé, et le respect si légitimement dû au secret des familles n'est désormais plus un vain mot.

Qui de nous, en effet, n'a pas souvent le plus grand intérêt à transmettre subitement au loin sa pensée, et qui de nous hésitera à le faire s'il le peut à peu de frais et sans être contraint de confier aux employés d'un bureau télégraphique, fussent-ils cent fois assermentés et parfaitement honorables d'ailleurs, le secret de ses affaires les plus intimes ou de ses sentiments les plus sacrés ? Avant la promulgation de la loi sur la télégraphie privée secrète, les fonctionnaires attachés au service des bureaux télégraphiques n'étaient-ils pas les premiers à reconnaître que le plus souvent ce n'était point à leur administration, mais bien à la poste ordinaire, que le public confiait de préférence les messages qu'il voulait tenir secrets ? L'Administration télégraphique transmettait sans doute beaucoup de dépêches importantes ; mais pour mille dépêches dont le secret exigeait une sauvegarde à l'abri de tout soupçon et dont la transmission ne devait subir aucun délai, c'était la poste seulement qui les transmettait, quoiqu'elle ne dût les faire parvenir à destination que dans un temps incomparablement plus long. L'adoption des dépêches secrètes répond donc à un véritable besoin de notre époque.

Mais pourquoi des dépêches chiffrées, si les appareils nouveaux permettent de s'affranchir de ce moyen gênant et qui trahit l'enfance de l'art ? Malgré les développements prodigieux qu'elle a pris dans ces dernières années, la télégraphie électrique, cette merveille des temps modernes, est loin d'avoir dit son dernier mot; et nous pensons qu'il y a lieu de rechercher, au moment où l'autorisation d'échanger des dépêches secrètes nous est enfin accordée, s'il n'est pas possible d'en sauvegarder le secret autrement qu'en imposant à l'expéditeur et au destinataire l'emploi si lent et si incommode des dépêches chiffrées.

Cherchons donc à réaliser la *lettre électrique*, c'est-à-dire à obtenir du service télégraphique les mêmes avantages que nous procure chaque jour le service postal. Écrire sa dépêche absolument comme l'on écrit une lettre ordinaire, c'est-à-dire avec les caractères de l'écriture usuelle et sans interversion de lettres ou sans l'emploi de chiffres secrets quelconques, faire parvenir cette dépêche à sa destination sans que les employés du bureau télégraphique aient connaissance de son contenu : tel est le problème dont la solution, impossible avec l'emploi de la plupart des appareils électriques aujourd'hui en usage, et présentant avec un très petit nombre d'autres des difficultés pratiques inouïes, nous semble facile au contraire avec ces appareils merveilleux qui fonctionnent depuis quelque temps en France, et doivent immortaliser un jour les noms déjà célèbres de Hughes et de Caselli.

Nous ne pensons pas que l'on puisse contester un seul instant l'utilité de ce dernier perfectionnement de la télégraphie pratique, si l'on songe à la perte de temps et aux ennuis que cause à l'expéditeur et au destinataire l'emploi des dépêches chiffrées, ainsi qu'à l'obligation dans laquelle ils se trouvent presque toujours de changer tôt ou tard la clef de ces dépêches, dans la crainte qu'elle ne finisse par être découverte. Il est vrai que, pour parer à ce dernier inconvénient, Wheatstone et d'autres physiciens ont imaginé des cryptographes plus ou moins ingénieux. Mais ces appareils n'atténuent pas sensiblement les ennuis et la perte de temps dont nous parlons, et d'autre part les personnes qui font rarement usage du télégraphe électrique ne se soucieront guère de faire l'acquisition d'un cryptographe dans le but de composer ou de lire une dépêche chiffrée.

Les inconvénients précédents ne sont pas les seuls que présentent les dépêches chiffrées. Leur défaut capital consiste dans la nécessité absolue pour l'expéditeur et le destinataire de l'adoption d'une clef quelconque pour leurs dépêches. Or, si l'expéditeur et le destinataire sont étrangers l'un à l'autre, ils n'auront évidemment pas pu se concerter sur cette clef, et toute correspondance électrique secrète dont l'urgence se ferait immédiatement sentir leur serait tout à fait impossible. La solution de la question que nous avons en vue est donc d'une utilité et d'une opportunité incontestables.

Considérant maintenant que le télégraphe Morse est à peu près universellement répandu, nous croirons ne pas devoir nous en tenir à la recherche de moyens propres à permettre l'échange des dépêches secrètes exclusivement avec les appareils Hughes et Caselli, et nous en proposerons d'autres qui, nous l'espérons, pourront s'approprier à l'appareil Morse, et compléteront à tous les points de vue et dans toutes les conditions la solution du problème si intéressant qui nous occupe. C'est pour cette raison que, sans être partisan des dépêches chiffrées, nous les envisagerons cependant dans ce travail, mais dans des conditions tout-à-fait nouvelles.

Les moyens de correspondance secrète que nous exposerons étant nombreux et leur choix devant varier suivant les circonstances, nous en dressons ci-dessous le tableau synoptique afin d'en donner immédiatement une idée au lecteur, et nous faisons connaître ensuite à quel genre de dépêches il convient de recourir dans chaque cas, en raison de la position, du caractère et des habitudes des individus, de la nature des dépêches à transmettre, etc.

DÉPÊCHES SECRÈTES.

NATURE DES DÉPÊCHES.	Nos D'ORDRE.	APPAREILS à l'aide desquels elles sont transmises.	OBSERVATIONS.
Non chiffrées.	1	Appareil Caselli modifié.	Les numéros d'ordre de ce tableau, par lesquels nous désignerons désormais nos dépêches, sont ceux suivant lesquels on peut approximativement les classer, au point de vue de la facilité et de la promptitude de leur préparation par l'expéditeur et de leur lecture ou de leur déchiffrement par le destinataire. Au point de vue de la rapidité du service, on pourrait classer approximativement : la dépêche n° 3, la 1re ; la dépêche n° 2, la 2e ; la dépêche n° 4, la 3e ; la dépêche n° 1, la 4e ; et la dépêche n° 5, la 5e.
	2	Appareil Hughes modifié.	
Par inversion.	3	Appareil Hughes modifié.	
Chiffrées avec clef inconnue du destinataire.	4	Appareil Hughes combiné.	
	5	Appareil Morse combiné.	

Le tableau synoptique ci-dessus a été dressé conformément à l'ordre suivi dans la table des matières.

Nos dépêches secrètes, ainsi qu'on le voit, se partagent donc en 3 catégories principales : *les dépêches non chiffrées, les dépêches par inversion et les dépêches chiffrées*. Chacune de ces trois catégories donne lieu à des modes de transmission différents dont nous allons rapidement examiner le caractère.

Toutes nos dépêches, d'abord, conviennent soit à deux personnes qui se connaissent, soit à deux personnes dont l'une ignorerait même l'existence de l'autre. Si donc il y a lieu de recourir pour quelques unes de ces dépêches au choix d'une clef ou de tout autre moyen de déchiffrement, il sera inutile que ce choix ait été concerté à l'avance entre l'expéditeur et le destinataire.

Les dépêches nos 1 et 2 réalisent dans toute l'acception du mot la lettre électrique véritable, c'est-à-dire telle que nous l'avons définie plus haut. Elles conviennent comme dépêches d'Etat, comme dépêches officielles ordinaires ou comme dépêches privées dont le secret ne doit être connu que du destinataire titulaire. Elles s'écrivent et se lisent comme une lettre ordinaire. *La dépêche no 2* étant servie très rapidement et parvenant imprimée au destinataire ne peut manquer d'être d'un emploi général et de rendre d'immenses services au commerce des grandes villes.

La dépêche no 3 présente une inversion particulière de ses mots, et au besoin des lettres d'un petit nombre de ses mots, qui en sauvegarde le secret vis-à-vis des employés des bureaux télégraphiques ; cette sauvegarde est surtout assurée par quelques précautions prises au moment de la transmission, et dont il sera ultérieurement parlé. Sa composition par l'expéditeur et sa lecture par le destinataire présentent la plus extrême facilité ; cette dépêche convient aux personnes qui ne redoutent pas un déplacement pour se rendre au bureau télégraphique ou qui ne craignent pas de confier le secret de leur dépêche à un tiers qui soit au courant des précautions mentionnées ci-dessus. Enfin la dépêche n° 3 étant servie par l'appareil Hughes, qui la fait parvenir imprimée à sa destination, nous semble appelée à rendre les mêmes services que la dépêche n° 2.

Les dépêches nos 4 et 5 conviennent à toutes les classes d'individus. Nous avons dit qu'elles se distinguent des dépêches chiffrées ordinaires en ce qu'elles n'exigent point comme celles-ci que l'expéditeur et le destinataire soient à l'avance d'accord sur le choix d'une clef. Ces dépêches présentent donc un avantage incontestable : elles rendent inutiles les dictionnaires chiffrés indispensables aux fonctionnaires dans l'échange de leurs correspondances officielles; le changement de clef à chaque dépêche nouvelle les rend indéchiffrables pour les employés des bureaux télégraphiques, et les cryptographes deviennent superflus.

Le Public pourra s'il le veut demander à la sténographie pour la composition de chacune des dépêches précédentes le secours d'une orthographe nouvelle, qui ne nuira en rien à l'intelligence des correspondances échangées et le fera bénéficier, sans préjudice pour le Trésor, d'une forte réduction sur le prix de ces correspondances.

Toutes nos transmissions sont directes, c'est-à-dire qu'elles ne concernent que l'expédition des dépêches échangées entre deux stations, sans faire dépôt à une station intermédiaire. Malgré cette restriction, que de bienfaits ne procurera pas l'adoption de nos idées, si l'opinion publique les sanctionne et que des expériences *indispensables*, *peu coûteuses*, *mais qui ne peuvent être complétement faites qu'avec le concours bienveillant de l'Administration*, en viennent démontrer la praticabilité !

Les développements dans lesquels nous venons d'entrer ont trait au secret des correspondances échangées. Nous ne dirons rien ici de l'abaissement des taxes télégraphiques ni de leur établissement sur une base plus équitable et plus rationnelle que celle des taxes en vigueur. Cette question, dont personne ne peut méconnaître l'opportunité, sera traitée avec détail dans cette Etude au double point de vue des intérêts du Public et de ceux du Trésor.

Quant au dernier moyen que nous proposons pour parvenir à populariser l'usage du télégraphe électrique, c'est-à-dire l'augmentation du nombre des transmissions avec la moindre augmentation possible du personnel et du matériel existants, il en sera également longuement parlé dans ce travail ; mais, hâtons-nous de le déclarer, ce moyen exigera, comme celui qui doit assurer le secret des dépêches, que les rapports du Public et des employés de l'Administration télégraphique soient profondément modifiés. Le Public, dont en parlant de l'application de toute idée nouvelle, on accuse si souvent à tort l'indifférence, l'inertie et le mauvais vouloir saura, nous n'en doutons pas, changer s'il le faut ses habitudes. Car il faut progresser, et non rester stationnaire si loin qu'on soit déjà parvenu ; et le moyen de progresser consiste surtout à ne jamais perdre de vue que partout et toujours : *A des besoins nouveaux, il faut des moyens nouveaux.*

Abordons maintenant un autre ordre d'idées, et jetons un coup d'œil sur la réglementation officielle récente du service télégraphique.

Il est profondément regrettable que, sans le vouloir, le législateur ait en quelque sorte consacré un privilége par l'adoption de quelques uns des articles de la loi qui vient d'être votée par le Corps Législatif. Ne semble-t-il pas, en effet, qu'il en soit ainsi quand on jette seulement les yeux sur les articles 2 et 3 de cette loi ?

Ces articles disent :

ART. 2. *La taxe de recommandation est égale à celle de la dépêche.*

ART. 3. *Les dépêches télégraphiques peuvent être composées en chiffres ou en lettres secrètes.*

La recommandation est obligatoire pour les dépêches composées, soit entièrement, soit partiellement en chiffres ou en lettres secrètes.

Il en résulte donc que, sous le singulier prétexte de ne point faire peser sur l'Administration télégraphique une responsabilité morale trop pesante à l'occasion de quelques erreurs qu'elle aura pu commettre dans la transmission d'une dépêche secrète, on oblige l'expéditeur à payer une taxe exorbitante. Ainsi la moindre dépêche secrète de 20 mots, transmise par le Morse, coûte 4 francs ; celle de 25 mots (qui, suivant l'Exposé des motifs du projet de loi, exige pour être écrite 30 centimètres carrés de surface métallisée, c'est-à-dire moins de surface qu'une simple carte à jouer) coûte 12 francs par le Caselli ! Or n'est-il pas évident que si ces prix conviennent au gros négociant, au riche particulier, ils seront toujours inabordables pour la plus grande majorité du Public ? N'est-il pas évident que l'État seul pourra se servir, par exemple, du Caselli pour transmettre une dépêche secrète de 100 mots, puisque cette dépêche d'après les nouveaux tarifs revient à 48 fr. ! Il est donc clair que si, contrairement à ce qui a lieu pour les dépêches non secrètes, la recommandation est obligatoire, la télégraphie secrète restera le privilége d'un petit nombre et ne se popularisera jamais.

Si l'on veut, ainsi que le fait entendre l'Exposé des motifs, témoigner au Public une sollicitude réelle, que l'on se préoccupe un peu moins de la parfaite exactitude des transmissions secrètes de l'Administration, l'intelligence et le zèle de ses employés n'étant contestés par personne et sa responsabilité morale n'étant nullement engagée dans cette question ; mais que l'on se préoccupe un peu plus des intérêts du plus grand nombre, et que non seulement l'on réduise les taxes, mais encore que l'on rende, comme pour les dépêches non secrètes, la recommandation facultative, le Public ne devant pas être tenu dans une tutelle onéreuse, et étant en définitive le seul juge de ses propres affaires.

Quand bien même les questions à l'ordre du jour en matière de télégraphie pratique seraient étrangères à quelques uns de nos lecteurs, et qu'ils ne connaîtraient point l'Exposé des motifs et le Rapport de la Commission qui ont précédé la discussion du 28 Mai dernier au Corps Législatif; quand bien même ces lecteurs ne se seraient pas inspirés comme nous des arguments irréfutables qui ont été développés dans cette brillante discussion, nous ne doutons pas qu'ils ne se rangent sans hésiter à notre opinion.

On veut rendre l'emploi du télégraphe électrique populaire, ou on ne le veut pas. Si on le veut sérieusement, rien n'est plus simple. Quand les convenances et les intérêts de chacun et de tous sont solidaires, un Gouvernement libéral et progressif, malgré le pas immense qu'a déjà fait la télégraphie pratique, doit toujours marcher en avant.

Ainsi, lorsque des Compagnies puissantes ont entre leurs mains des chemins de fer, pourquoi nos grandes villes, Paris, Lyon, Marseille, Bordeaux, Lille, Strasbourg, etc..., n'auraient-elles point des lignes télégraphiques à elles? Qui empêcherait Paris et Marseille, par exemple, d'avoir à leurs frais une ligne télégraphique directe ? Et puisque la télégraphie secrète est désormais autorisée, et que l'Administration ne cesse de se plaindre, avec raison, que l'encombrement excessif de ses grandes lignes ne lui permet pas de suffire aux exigences toujours croissantes du service, où serait le mal que des Compagnies particulières fissent à côté d'elle et comme elle les affaires du public en matière d'échanges de la pensée ?

Les appréhensions de quelques esprits chimériques ne sauraient être une entrave au progrès, et notre Gouvernement est trop fort pour concevoir des susceptibilités ou pour prendre le moindre ombrage à l'idée d'une concession d'une partie de ses priviléges. Quelles appréhensions aurait-on ? Craindrait-on que des Compagnies particulières, établies à peu près comme celles que nous voyons fonctionner paisiblement en Angleterre et en Amérique, autorisassent la transmission de dépêches secrètes contraires à la sûreté de l'Etat, à l'ordre public ou aux bonnes mœurs ? Mais ces dangers, s'ils devaient exister, la télégraphie secrète de l'Administration les présente également. Craindrait-on qu'avec ces Compagnies l'identité de l'expéditeur et celle du destinataire ne fussent pas toujours parfaitement établies ? Il sera toujours possible et facile au contraire d'établir cette identité, dût-on, comme pour les grandes voies ferrées, confier à des fonctionnaires de l'Administration la direction et le contrôle du service des lignes télégraphiques concédées. Mais cette identité ne fût-elle point établie, tout le monde ne sait-il pas que l'instantanéité des communications secrètes à distance n'est l'occasion d'un danger ni pour l'Etat ni pour personne, puisque cette instantanéité, qui peut se manifester à tout moment et en tout lieu, porte, si l'on peut dire, toujours avec soi son propre antidote ?

L'Administration continuerait donc d'embrasser dans son service l'immense réseau télégraphique du pays, tandis que les lignes télégraphiques directes nouvelles dont nous parlons, et seulement celles-là, seraient exploitées exclusivement par les villes ou les Compagnies en question, qui les auraient à leur charge, Employés et Matériel. Dans ces conditions, l'emploi du télégraphe électrique prendrait immédiatement des développements considérables ; car il est certain qu'avec un sage abaissement des tarif et les moyens de correspondre secrètement dont il pourrait désormais disposer, le Public, et surtout le Public commerçant des grandes villes, utiliserait sans cesse ce merveilleux agent de la pensée, qui deviendrait alors le privilége de tous au lieu de rester comme aujourd'hui celui d'un petit nombre.

Enfin si, pour des motifs que nous ne connaissons pas ou pour des susceptibilités que nous respectons, le Gouvernement ne voulait point concéder aux Municipalités ou à des Compagnies particulières les grandes lignes directes dont nous parlons, qui l'empêcherait de les établir lui-même pour son propre compte? Mais nous verrions dans l'adoption de la première hypothèse un mode de décentralisation désirable, sans compter que l'Administration, outre l'embarras de ces grandes lignes en raison des recettes effectives au moins problématiques jusqu'ici du service télégraphique, ne risquerait aucune perte à en opérer la concession. Elle pourrait d'ailleurs exercer sur ces lignes et dans les mêmes conditions la surveillance qu'elle exerce sur les lignes télégraphiques de nos chemins de fer. Le remboursement qui en résulterait de la part des Municipalités ou des Compagnies serait pour elle tout bénéfice, comme pour les lignes télégraphiques des voies ferrées.

Nous venons de faire connaître dans quel esprit a été conçu ce travail, que nous avons cru devoir préalablement soumettre à l'examen sévère d'un petit nombre de personnes faisant autorité dans la matière, tant au point de vue théorique qu'au point de vue pratique. Nous ne nous sommes décidé à le publier que sur leurs témoignages encourageants et après avoir remanié les côtés défectueux qu'elles ont bien voulu nous signaler.

Qu'il nous soit donc permis d'adresser ici à ces personnes l'expression de notre profonde gratitude en leur reportant le faible mérite, s'il existe, d'une tâche ingrate et hérissée de difficultés de toutes sortes que nous n'aurions jamais osé aborder, si nous n'avions été mû par un sentiment profond d'intérêt public.

Cet Essai comprend quatre parties. Une table des matières détaillée fait connaître pour chaque nature de dépêches les points qu'il intéresse plus particulièrement au lecteur d'approfondir; et si l'on excepte quelques rares passages de notre livre dont l'intelligence réclame un peu plus d'attention ou exige la connaissance des parties essentielles des télégraphes Morse, Hughes et Caselli, nous avons l'espoir que la description et le mode d'emploi des petits appareils très simples que nous proposons pour réaliser la véritable télégraphie secrète seront bien vite compris de la grande majorité de nos lecteurs.

N'entrons pas en matière sans faire connaître que les désignations que nous donnons aux appareils par lesquels sont transmises nos dépêches ne doivent pas être envisagées d'une manière absolue. Ainsi quand nous disons *appareil Caselli modifié*, loin de nous l'idée téméraire d'avoir songé à apporter la moindre des modifications au principe de l'appareil du savant abbé florentin. Nous voulons seulement donner à entendre qu'un petit appareil auxiliaire est ajouté par nous à l'appareil Caselli pour le faire fonctionner selon nos vues, c'est-à-dire de manière à obtenir le secret de la dépêche, secret impossible à obtenir avec l'appareil original.

Même observation pour la désignation *appareil Hughes modifié.*

Les désignations *Hughes combiné* et *Morse combiné* relatives aux dépêches chiffrées signifient que l'appareil Hughes ou l'appareil Morse se combinent avec un appareil spécial que nous avons imaginé. Chacun des appareils des deux physiciens américains transmet en effet le corps de la dépêche chiffrée, tandis que le nôtre est chargé d'en transmettre seulement la clef. Ces explications nous ont semblé nécessaires pour faire bien apprécier le sens que nous attachons aux désignations *appareil modifié* ou *appareil combiné.*

Ce dernier point établi, rappelons une fois pour toutes

que les cinq systèmes de dépêches que nous allons exposer, c'est-à-dire les dépêches nos 1, 2, 3, 4 et 5, ne font point dépôt, et ne concernent par conséquent que les stations reliées par des fils directs.

Terminons enfin ce long Avertissement en réclamant de nos lecteurs toute l'indulgence dont nous avons besoin ; en la réclamant surtout des lecteurs spéciaux, et tout d'abord de ceux d'entre eux qui appartiennent au Personnel de l'Administration télégraphique française, à ce Personnel intelligent et dévoué, dont le bienveillant appui suffirait pour faire immédiatement accepter nos idées et pour les faire soumettre à la sanction de l'expérience.

TABLE DES MATIÈRES

PREMIÈRE PARTIE

INTRODUCTION AU NOUVEAU SERVICE TÉLÉGRAPHIQUE.

DEUXIÈME PARTIE

DÉPÊCHES SECRÈTES NON CHIFFRÉES.

DÉPÊCHE N° 1

Transmise par l'appareil Caselli modifié.

DÉPÊCHE N° 2

Transmise par l'appareil Hughes modifié.

TROISIÈME PARTIE

DÉPÊCHES SECRÈTES PAR INVERSION.

DÉPÊCHE N° 3

Transmise par l'appareil Hughes modifié.

QUATRIÈME PARTIE

DÉPÊCHES SECRÈTES CHIFFRÉES AVEC CLEF INCONNUE DU DESTINATAIRE.

DÉPÊCHE N° 4

Transmise par l'appareil Hughes combiné.

DÉPÊCHE N° 5

Transmise par l'appareil Morse combiné.

LA LETTRE ÉLECTRIQUE

NOUVEAU SERVICE TÉLÉGRAPHIQUE

PREMIÈRE PARTIE

INTRODUCTION AU NOUVEAU SERVICE TÉLÉGRAPHIQUE

I

RESTRICTION DES RAPPORTS ENTRE LE PUBLIC ET LES EMPLOYÉS DES BUREAUX TÉLÉGRAPHIQUES. — ACCÉLÉRATION DU SERVICE.

1 — Tant que les rapports qui existent entre le Public et les employés des bureaux télégraphiques ne seront pas plus restreints qu'ils ne le sont aujourd'hui, il y aura toujours des entraves à la rapidité du service, et ces entraves ne feront évidemment que s'accroître quand il s'agira d'expédier les dépêches chiffrées qu'autorise la loi du 13 Juin dernier.

Or nous voulons non seulement donner au public la possibilité de réaliser la véritable lettre électrique, mais aussi et avant tout accélérer la marche du service, afin d'augmenter le nombre des transmissions. Il faut donc entrer dans une voie nouvelle, et dans ce but nous proposerons d'abord de changer radicalement les rapports dont nous parlons.

Ces changements serviront en partie de base à notre système de correspondance secrète ; ils présentent l'avantage d'apporter une extrême rapidité dans le service tout en sauvegardant les droits de l'Administration, et rendent complètement inutiles les timbres-dépêches prescrits par l'article 8 de la nouvelle loi.

2 — Nous ne pouvons, comme pour le service de la poste aux lettres, annuler complètement les rapports du Public et des employés de l'Administration télégraphique; mais nous voulons rendre ces rapports tels que les employés des salles d'appareils soient exclusivement occupés de la transmission et de la réception proprement dites des dépêches, et pas d'autre chose. Dans les stations importantes les employés sont toujours surchargés d'une besogne extrême, et un temps précieux qui devrait être exclusivement employé à la seule transmission des dépêches leur est sans cesse enlevé. Eh bien! cette besogne qui se renouvelle à chaque expédition de dépêche, nous voulons, tout en garantissant les droits de l'Administration, en exonérer les employés et la faire retomber en grande partie sur l'expéditeur lui-même, auquel, par une juste compensation, on imposerait une taxe moindre pour la transmission de ses dépêches. Il y aurait évidemment là un triple avantage : abaissement des tarifs, diminution de la besogne pour les employés, et augmentation indubitable des recettes, comme la chose a eu lieu pour le service de la poste aux lettres, à la suite de la réduction de la taxe postale. Or il est facile d'entrer dans cette nouvelle voie.

3 — Qui empêche, en effet, l'Administration, en raison de la foule de demandes dont elle est sans cesse assiégée pour l'obtention des bureaux de tabac, de n'accorder, s'il le faut, les plus importants de ces bureaux qu'après le dépôt d'un cautionnement préalable, et en même temps d'imposer à leurs détenteurs l'obligation de délivrer ou de vendre au public tout ce dont il a besoin pour préparer lui-même ses dépêches? Le nombre des bureaux de tabac s'est tellement accru et, pour un grand nombre de ces bureaux, les bénéfices qu'ils procurent à leurs titulaires sont relativement si considérables, que l'Administration pourra toujours faire des choix selon ses vues, et prendre en quelque sorte à titre d'agents, par exemple, d'anciens employés, des sous-officiers retraités présentant toutes les garanties d'aptitude et d'honorabilité voulues, etc.

4 — Dans chaque station, le nombre des nouveaux bureaux serait limité aux besoins de leur service spécial. L'Administration délivrerait à ces bureaux tout le matériel télégraphique nécessaire pour

assurer le service. Leurs possesseurs seraient donc, en définitive, de véritables agents responsables, dont le cautionnement serait basé sur l'importance du matériel télégraphique confié à leurs soins. Ils pourraient être assermentés comme les employés des bureaux télégraphiques ; mais ils ne seraient point rétribués par l'Administration, qui leur ferait seulement toucher à certaines époques, s'il y avait lieu, telle prime ou telle gratification qu'elle jugerait convenable.

5 — L'un des bureaux de tabac précédents devra toujours être *sinon contigu, du moins le plus rapproché possible* de chaque bureau télégraphique de la localité, avec lequel il n'aura du reste aucun rapport de service.

6 — Un dernier bureau, dépendant exclusivement de l'Administration et nullement affecté à la vente des tabacs, sera établi dans le même local que le bureau télégraphique et contigu à ce bureau. Il prendra le nom de *Bureau d'expédition* et pourra, sous les mêmes conditions, être concédé à l'un des individus dont il a été parlé à l'occasion des bureaux de tabac.

7 — L'agent du bureau d'expédition est chargé de délivrer à chaque expéditeur un *Permis d'expédier*, c'est-à-dire un permis spécial sans la présentation duquel le stationnaire expéditeur doit se refuser à transmettre la dépêche. Cet agent est muni à cet effet d'un registre à souche et d'une caisse destinée à recevoir le montant des affranchissements, dont nous nous proposons de justifier la variabilité quand nous traiterons la question des taxes.

Le registre à souche du bureau d'expédition pourrait être blanc pour les dépêches ordinaires, c'est-à-dire pour les dépêches non secrètes, et rouge ou bleu pour les dépêches secrètes.

8 — Un tableau imprimé, dit *Tableau d'affranchissement*, et dont l'objet est expliqué au nº 21, est appendu dans chaque bureau de tabac et dans le bureau d'expédition.

9 — Au bureau d'expédition sera annexée une *Salle d'attente* suffisamment vaste destinée au Public, dans laquelle il aura à sa disposition tout ce qu'il faut pour écrire et préparer commodément ses dépêches, sauf toutefois le matériel spécial à cette préparation qu'il aura acheté ou se sera fait délivrer sur caution dans l'un des bureaux de tabac précédents.

10 — Le Public de la salle d'attente n'aurait de communication avec la salle des appareils que par un simple guichet, excepté quand

il s'agira de dépêches secrètes par inversion, pour lesquelles on permettra, à tour de rôle seulement, l'entrée de chaque expéditeur dans la salle des appareils de façon à lui donner accès, sans gêne pour les employés et sans entrave pour le service, le plus près possible du stationnaire chargé de la transmission.

Il est évident qu'il sera toujours possible et toujours facile, à l'aide d'une séparation établie à cet effet et analogue à celle que l'on voit dans une foule de nos établissements, de réaliser cette condition matérielle du nouveau service, de façon que l'expéditeur ne touche, pour nous servir d'une expression vulgaire, les appareils que des yeux et qu'il ne gêne en rien l'employé dans l'accomplissement de ses fonctions.

Nous venons de parler d'une disposition particulière à la dépêche n° 3. Disons à cette occasion qu'une disposition d'un autre genre devra être également prise, quand il s'agira d'expédier la dépêche n° 2. L'appareil Hughes, avec lequel on transmettra cette dépêche, devra autant que possible être installé dans un petit local séparé, où le stationnaire en opérera la transmission hors de la présence des autres employés. A défaut de ce local, l'appareil transmetteur pourra prendre place dans la salle commune des appareils, mais à la condition d'être dérobé aux regards des personnes étrangères à cette transmission.

11 — Enfin, le bureau télégraphique et le bureau d'expédition devront être tellement disposés que l'expéditeur ne puisse jamais se rendre au bureau télégraphique ou en sortir *sans passer par le bureau d'expédition.*

12 — Nous ferons connaître plus tard les formalités très simples à remplir par l'expéditeur et par les agents dont il vient d'être parlé, lors de l'expédition de chaque genre de dépêche. Ces formalités présentent au Public et à l'Administration toutes les garanties réclamées par leurs droits et leurs intérêts réciproques.

Dès qu'elles ont été remplies, l'expéditeur écrit à loisir sa dépêche dans la salle d'attente de l'Administration ou à son domicile, et la porte ou la fait porter au bureau télégraphique pour y faire *immédiatement procéder à la seule opération de la transmission.*

II

COUP D'ŒIL SUR LE MATÉRIEL TÉLÉGRAPHIQUE NÉCESSAIRE POUR LA PRÉPARATION DES DÉPÊCHES. MOYENS DE SE LE PROCURER. MATÉRIEL DE TRANSMISSION ET DE RÉCEPTION.

Nous allons pour l'instant donner la nomenclature rapide du matériel télégraphique nécessaire à l'expéditeur pour la préparation de chacune des dépêches nos 1, 2, 3, 4 et 5, nous réservant de le décrire plus tard en détail pour chaque dépêche en particulier. Nous ferons ensuite connaître les conditions dans lesquelles l'expéditeur se procure ce matériel, et enfin quel est le matériel nécessaire à l'Administration pour la transmission et la réception de ses dépêches; quant à ce dernier matériel, le Public n'a point à s'en occuper.

MATÉRIEL DE PRÉPARATION.

13 — Le matériel nécessaire pour la préparation des dépêches secrètes est le suivant :

DÉPÊCHE N° 1.
- *Une feuille métallisée ;*
- *Un cylindre à dépêche ;*
- *Un cylindre enveloppe ;*
- *Un disque de papier gommé.*

La feuille métallisée n'est autre que celle qui sert journellement pour écrire les dépêches Caselli.

Le cylindre à dépêche et le cylindre enveloppe sont deux cylindres qui se complètent pour former un petit appareil servant à dérober aux regards des employés du bureau télégraphique le texte de la dépêche supposée disposée sur l'appareil Caselli.

Le disque de papier gommé est un petit disque dont l'expéditeur se sert pour compléter la dépendance des deux cylindres et assurer par suite le secret de sa dépêche.

DÉPÊCHE N° 2. { *Une boîte à transmission et à réception simultanées;*
Une bande de papier gommé.

La boîte à transmission et à réception simultanées est une boîte à secret; elle renferme une bande de papier sur laquelle l'expéditeur écrit sa dépêche.

La bande de papier gommé sert à garantir la non ouverture de la boîte pendant qu'elle est hors des mains de l'expéditeur.

DÉPÊCHE N° 3. — *Une feuille de papier quadrillé.*

Ce papier présente des quadrillages dans chacun desquels l'expéditeur écrit les lettres des mots composant sa dépêche.

DÉPÊCHE N° 4. { *Une feuille de papier quadrillé;*
Une boîte de transmission;
Une bande de papier gommé.

Le papier quadrillé de la dépêche n° 4 est le même que le précédent.

La boîte de transmission de la dépêche n° 4 est une boîte à secret sur la bande intérieure de laquelle l'expéditeur écrit seulement la clef de sa dépêche.

La bande de papier gommé est la même que celle de la dépêche n° 2, et a une destination analogue.

DÉPÊCHE N° 5. — *Même matériel de préparation que pour la dépêche n° 4.*

14 — Les bureaux de tabac sont tenus d'être approvisionnés en quantité suffisante pour assurer les besoins du service de tout le matériel télégraphique précédent, qu'ils vendent au Public ou lui délivrent sur caution. Mais le matériel spécial à la dépêche n° 1 sera vendu ou délivré au Public exclusivement par le bureau contigu au bureau télégraphique, dont il est parlé au n° 5.

Le prix des papiers spéciaux propres aux transmissions autographiques et celui des papiers quadrillés est fixé à 10 centimes la feuille, quelle qu'en soit la dimension.

Les cylindres propres à la dépêche n° 1 et les boîtes de transmission propres aux dépêches nos 2, 4 et 5 peuvent être achetés par l'expéditeur, qui s'en servirait ensuite indéfiniment, ou lui être délivrés sur caution. Construits sur une grande échelle par des ouvriers habiles, à l'aide d'emporte-pièces et d'un outillage complet, ces objets pourraient revenir approximativement à 3 francs chaque couple de cylindres et chaque boîte pour dépêche n° 2, et à 50 centimes chaque boîte pour dépêches nos 4 et 5.

Quant aux disques et aux bandes de papier gommé, ils sont délivrés gratuitement à l'expéditeur.

Si celui-ci ne se soucie pas d'acheter les cylindres ou l'une des boîtes de transmission dont il est plus haut parlé, il dépose en cautionnement entre les mains de l'agent d'un bureau de tabac le prix de ces objets; et sur la remise qu'il en fait à cet agent après l'expédition de sa dépêche, le montant de son cautionnement lui est immédiatement remboursé.

15 — Le matériel précédent, ainsi que celui dont il va être parlé pour la transmission et la réception des dépêches, devra avoir des formes et des dimensions très précises, afin de présenter toutes les garanties nécessaires à son bon fonctionnement. Sa confection devra en conséquence être le monopole de l'Administration ou l'objet d'une adjudication sévère basée sur un cahier des charges dressé par ses soins.

MATÉRIEL DE TRANSMISSION ET DE RÉCEPTION.

16 — Le matériel propre à la transmission et à la réception des dépêches secrètes est le suivant :

Dépêche n° 1. — *Appareil Caselli, et même matériel de réception que celui de préparation*, sauf que le papier métallisé est remplacé par le papier cyanuré qui sert dans la réception des dépêches Caselli ordinaires.

Dépêche n° 2. — *Appareil Hughes, et même appareil de réception que celui de préparation.* La boîte à transmission et à réception simultanées est une boîte à secret qui sert, non seulement à transmettre la dépêche, mais encore à la recevoir de telle sorte qu'à moins d'une ouverture clandestine de la boîte, facile à constater, la lecture de la dépêche n'est permise qu'au destinataire.

Dépêche n° 3. — *Même matériel de transmission et de réception que pour la dépêche n° 2.*

Dépêche n° 4. — *Un appareil Hughes et un Transmetteur-Récepteur pour la transmission, et une boîte de réception.* Le Transmetteur-Récepteur est un appareil nouveau destiné à la transmission de la clef. Quant à la boîte de réception, c'est une petite boîte à secret présentant les mêmes garanties du secret de la dépêche que celle qui sert dans la réception de la dépêche n° 2.

Dépêche n° 5. — *Même matériel de transmission et de réception que pour la dépêche n° 4*, sauf que dans la transmission, c'est un appareil Morse, et non plus un appareil Hughes qui fonctionne.

III

NÉCESSITÉ ABSOLUE D'UNE BASE MOINS ÉLEVÉE ET PLUS RATIONNELLE DES TAXES TÉLÉGRAPHIQUES.

17 — La question des taxes télégraphiques nous paraît trop délicate et trop importante pour ne pas devoir être traitée d'une manière complète et approfondie. Tout en appelant ardemment de nos vœux l'abaissement des tarifs actuels, nous ne croyons cependant pas qu'on doive aller trop vite; car il faut se hâter lentement, si l'on veut aller bien. Il est évident qu'un abaissement subit et exagéré des taxes compliquerait singulièrement le service, si le personnel et le matériel télégraphiques devaient rester ce qu'ils sont; mais il n'est pas moins évident que, sans attendre l'augmentation si désirable de ce personnel et de ce matériel, il est possible, par un abaissement sage des tarifs, de voir s'accroître le nombre des dépêches sans entrave pour le service, et *à fortiori* quand les stationnaires seront exonérés d'une partie de la besogne qui leur incombe journellement.

Pour que le service de la transmission des dépêches procure au Trésor le plus de bénéfices possible, il faut avant tout un moyen efficace pour populariser davantage le nouveau mode de correspondance. Or ce moyen, il n'est pas besoin de le dire, consiste surtout dans l'abaissement des tarifs.

La taxe des dépêches, pour être rationnelle, doit satisfaire aux conditions suivantes :

1° Être aussi faible que possible dans l'intérêt du Public;

2° Être assez élevée pour que l'Administration trouve dans ses recettes non seulement les moyens d'assurer largement les exigences de son service au double point de vue de la solde d'un personnel et du bon entretien d'un matériel qui tendent à s'accroître de jour en jour, mais qu'elle y trouve aussi la source de bénéfices légitimes;

3° Être établie sur une base simple où l'on fasse entrer une combinaison sage et équitable de l'étendue des dépêches, ainsi que des distances à leur faire parcourir, qui permette le contrôle facile et rapide dans chaque cas de l'emploi de cette taxe, tant par le Public que par les agents chargés de la percevoir.

A l'heure actuelle, la question de la fixation des tarifs est une question qui nécessite des tâtonnements, attendu que d'une part ces tarifs ne pourront être établis d'une manière à peu près stable qu'à l'époque où l'emploi du télégraphe électrique sera devenu tout à fait populaire, et que cette époque à son tour est naturellement subordonnée à la fixation de ces mêmes tarifs. Les tâtonnements dont nous parlons sont d'autant plus réels que les tarifs varient suivant chaque pays, et que les nôtres ont été six ou huit fois remaniés depuis l'ouverture récente du service télégraphique en France, c'est-à-dire depuis une quinzaine d'années. Ils expliquent les débats si intéressants auxquels a donné lieu la discussion du 28 Mai dernier, discussion du plus haut intérêt, pleine d'actualité et où sont relatés mille faits, où se découvrent mille aperçus concernant la question qui nous occupe.

DÉPÊCHES ORDINAIRES OU NON SECRÈTES.

18 — La base des tarifs actuels n'est point celle que nous aurions voulu voir établir. Cette base est non seulement encore trop élevée, mais elle est surtout loin d'être établie d'une manière rationnelle. Ne voyons-nous pas en effet que si, dans le tarif qui a été abandonné le 1er Janvier 1862, il était tenu un compte beaucoup trop sévère des distances franchies par les dépêches, au point de rendre le plus souvent le prix de ces dépêches inabordable pour le public, en revanche, dans la loi qui fixe le tarif actuel, il est tenu par la distinction des stations appartenant ou n'appartenant pas au même département, un compte en apparence très simple mais en réalité si bizarre de ces distances, que l'application de ce tarif présente à chaque instant les plus étranges anomalies ?

La loi qui fixe le tarif actuellement en usage dit qu'une taxe de

2 francs est imposée à toutes les dépêches simples échangées entre deux bureaux n'appartenant pas au même département, tandis que les dépêches échangées entre les bureaux d'un même département sont soumises à la taxe d'un franc. Il en résulte que pour des dépêches de même étendue l'on paiera aussi cher :

de St-Etienne à Lyon (47 kil.) que de Bayonne à Dunkerque (1088 kil.) ;

de Lorient à Quimperlé (20 kil.) que de Cherbourg à Toulon (1302 kil.) ;

de Paris à Sèvres (10 kil.) que de Nice à Brest (1712 kil.) ;

et que l'on paiera plus cher :

d'Avignon à Nîmes (48 kil.) que de Calais à Arras (153 kil.) ;

de St-Omer à Hazebrouck (20 kil.) que de Cherbourg à Mortain (150 kil.) ;

de Belfort à Montbéliard (18 kil.) que de St-Malo à Redon (248 kil.).

Ces inégalités choquantes se répètent à chaque instant dans le tarif officiel, et tiennent à ce que la taxe des lettres simples dans le service postal étant la même quelles que soient les distances, l'on a sans doute cru, mais bien à tort, qu'il en devait être de même pour les dépêches télégraphiques, c'est-à-dire qu'il n'y avait pas lieu dans leur taxation de tenir compte des distances parcourues. Or cette manière d'opérer est loin d'être équitable, ainsi qu'il est facile de le démontrer.

A l'époque actuelle la poste transporte, en effet, environ 320 millions de lettres. C'est ce qui ressort des statistiques officielles. Ce service transportait :

en 1860 — 264 millions de lettres;
en 1861 — 273 millions;
en 1862 — 283 millions;
en 1863 — 290 millions;
en 1864 — 301 millions;
en 1865 — 311 millions;

tandis que la télégraphie électrique transmet à peine aujourd'hui 3 millions de dépêches, malgré les développements gigantesques qu'elle n'a cessé de prendre depuis 1851, époque de sa création en

France. Ce service transmettait en effet seulement, en y comprenant les dépêches internationales :

en 1860 — 720 mille dépêches;
en 1861 — 920 mille;
en 1862 — 1520 mille;
en 1863 — 1750 mille;
en 1864 — 1970 mille;
en 1865 — 2470 mille.

N'est-il pas évident, à la seule inspection de ces chiffres, que celui des dépêches transmises sera toujours insignifiant à côté de celui des lettres transportées ?

S'il en est ainsi, c'est que la poste transporte ses lettres par masses énormes, et que, jour et nuit, chacune de ses routes de toute nature est sillonnée en même temps par un nombre considérable de trains et de courriers, sans que le service en subisse la moindre entrave, tandis que la nature même du service télégraphique est malheureusement telle que la transmission de ses dépêches n'est point simultanée, et que plus le nombre en augmente sur une même ligne, plus ces dépêches se font mutuellement obstacle, puisque la transmission d'une seule d'entre elles arrête forcément celle de toutes les autres.

Si cet obstacle à la transmission d'un grand nombre de dépêches se manifeste entre les stations reliées par des fils directs, il se manifeste bien davantage quand il s'agit des fils omnibus, pour lesquels les retards sont aussi nombreux qu'imprévus par suite de l'inextricable croisement des fils de notre réseau. Il est donc évident que, quel que doive être plus tard l'accroissement du nombre des stations et du nombre des fils du réseau, le maximum du nombre des dépêches transmises sera toujours insignifiant par rapport à celui des lettres transportées. Pour qu'une comparaison fût possible, il faudrait de toute nécessité augmenter dans une proportion considérable le matériel télégraphique actuel et en même temps le personnel chargé de le servir.

Ces considérations une fois établies, imaginons deux lettres expédiées la première de Bayonne à Dunkerque et la seconde de Paris à Versailles. La taxe de ces deux lettres sera la même : mais, tandis que la seconde mettra moins d'une heure pour faire son trajet, la première, en dépit des chemins de fer, mettra près de deux jours pour faire le sien. Si, au lieu de lettres, il s'agit de dépêches télégraphiques, le destinataire qui est à Dunkerque pourra et même presque toujours recevra sa dépêche de Bayonne, aussi promptement que celui de Versailles reçoit la sienne de Paris.

Ces comparaisons prouvent donc évidemment que, si la taxe postale est la même pour toutes les lettres, c'est-à-dire quelles que soient les distances parcourues, cette égalité de taxe est compensée et trouve en quelque sorte sa justification dans la longueur du temps nécessaire pour le parcours de ces distances, tandis que celle des taxes télégraphiques n'en trouve aucune de cette nature ni d'aucune autre, puisque, quelles que soient les distances parcourues, les dépêches télégraphiques parviennent à leur destination dans un temps très court qui est à peu près le même pour toutes. Or comment est-il alors possible de rendre les taxe télégraphiques aussi équitables que la taxe postale, si ce n'est en tenant compte, dans la fixation de ces taxes, des distances parcourues par chaque dépêche, alors surtout que ces dépêches sont beaucoup plus importantes que les lettres ordinaires, et qu'elles entrent en même temps pour une fraction aussi minime dans l'énorme quantité des correspondances échangées dans le pays ?

A côté des anomalies que nous avons signalées plus haut à l'occasion des taxes des dépêches simples échangées entre les localités appartenant au même département ou à des départements différents, viennent s'en placer d'autres non moins étranges qu'a fait naître le service nouveau des dépêches de Paris pour Paris. Ces dernières dépêches, en effet, sont toutes taxées 50 centimes alors que les distances franchies par ces dépêches, ainsi qu'on l'a judicieusement fait ressortir dans la discussion de la loi du 13 Juin, sont plus considérables pour beaucoup d'entre elles que les distances parcourues par des dépêches échangées dans le même département et dans les départements différents et taxées à 1 franc et à 2 francs. Est-ce là de l'équité, et n'avons nous pas cent fois raison de vouloir qu'on tienne compte dans les taxes que nous proposons des distances franchies par les dépêches ?

A la suite des considérations précédentes, nous nous résumerons en disant :

1° Que la taxe de 2 francs par dépêche simple est beaucoup trop élevée et sera toujours un obstacle insurmontable à ce que l'usage du télégraphe électrique se popularise dans notre pays.

2° Qu'il est rationnel et en même temps équitable de tenir compte des distances parcourues par les dépêches, autrement que par la distinction illusoire des départements auxquels appartiennent les stations qui les transmettent.

19 — Nous proposerons donc de substituer à la taxe officielle la suivante qui, si elle était appliquée, ne manquerait pas d'être avant peu pour le Trésor la source de bénéfices considérables :

« *Toute dépêche simple est soumise à une taxe de 50 centimes,*
» *augmentée d'un nombre de centimes marqué par le* $^1/_{10}$ *de la*
» *distance kilomètrique officielle séparant les stations de départ et*
» *d'arrivée.* »

Cette taxe est augmentée de 25 centimes pour chaque dizaine ou fraction de dizaine de mots en sus.

20 — D'après cette hypothèse on peut faire ressortir dans le tableau suivant les anomalies du tarif officiel, et mettre en regard la marche progressive et rationnelle du tarif proposé, en raison de l'augmentation des distances parcourues.

TABLEAU COMPARATIF DES TAXES

POUR UNE DÉPÊCHE SIMPLE, SUIVANT LES DIVERSES DISTANCES, D'APRÈS LE TARIF OFFICIEL ET LE TARIF PROPOSÉ

DÉPARTEMENTS AUXQUELS APPARTIENNENT LES STATIONS.	DISTANCES KILOMÉTRIQUES entre LES STATIONS.	TARIF OFFICIEL.	TARIF PROPOSÉ.
Départements différents....	de 10 à 50	2f 00c	0f 55c
Paris....................	12 k. (maxim.)	0 50	0 55
Même département........	de 51 à 100	1 00	0 60
Même département........	de 101 à 150	1 00	0 65
Même département........	de 151 à 200	1 00	0 70
Même département........	de 201 à 250	1 00	0 75
Départements différents....	300	2 00	0 80
—	400	2 00	0 90
—	500	2 00	1 00
—	600	2 00	1 10
—	700	2 00	1 20
—	800	2 00	1 30
—	900	2 00	1 40
—	1000	2 00	1 50
—	1100	2 00	1 60
—	1200	2 00	1 70
—	1300	2 00	1 80
—	1400	2 00	1 90
—	1500	2 00	2 00

OBSERVATIONS.

Le présent tableau a été dressé en se basant sur ce que :

1° Il existe une foule de stations télégraphiques appartenant à des départements différents, dont les distances sont comprises entre 10 et 50 kilomètres. C'est de ces stations qu'il s'agit à la première ligne du tableau.

2° L'on peut également trouver une foule de stations appartenant au même département, dont les distances, dans ce département, sont comprises entre 51 et 250 kilomètres. C'est de ces stations qu'il s'agit aux 3e, 4e, 5e et 6e lignes du tableau ;

3° La distance maximum entre les stations d'un même département peut aller jusqu'à 250 kilomètres, mais ne dépasse guère cette limite.

Un coup d'œil attentif jeté sur une carte géographique de notre pays démontre la vérité de ces trois assertions.

Si l'on a bien compris ce tableau, l'on conviendra, nous n'en doutons pas, des défectuosités du tarif officiel en même temps que de la simplicité et de la rationalité du tarif proposé.

21 — Le $^1/_{10}$ des distances kilométriques dont il est fait mention au n° 19 serait toujours pris en nombre rond ; et s'il n'était point un multiple de 5 centimes, on lui substituerait le multiple de 5 centimes immédiatement supérieur. Ainsi les augmentations à faire subir à la taxe de la dépêche, répondant à des distances de 87 kilomètres, 233 kilomètres et 1326 kilomètres seraient respectivement 10 centimes, 25 centimes et 1 franc 35 centimes.

Pour l'explication prompte du tarif proposé, les tableaux d'affranchissement dont il est parlé au n° 14 feraient connaître, pour chaque station télégraphique, le $^1/_{10}$, pris en nombre rond ainsi qu'il vient d'être dit ci-dessus, des distances kilométriques officielles séparant cette station des autres stations télégraphiques de l'Empire.

22 — Dans ce qui précède nous n'avons parlé que des systèmes Morse et Hughes, et, selon l'usage, nous avons supposé la dépêche simple de 20 mots. Passons maintenant au système Caselli. Le 1er paragraphe de l'article 14 de la loi nouvelle est ainsi conçu :

Le prix des dépêches télégraphiques transmises au moyen des appareils autographiques est fixé à 20 centimes par chaque centimètre carré.

Nous voudrions voir modifier ce paragraphe ainsi qu'il suit :

Le prix des dépêches télégraphiques transmises au moyen des appareils autographiques est fixé à 5 centimes par chaque centimètre carré, augmenté d'un nombre de centimes marqué par le $^1/_{10}$ de la distance kilométrique officielle séparant les stations de départ et d'arrivée.

Disons en passant que, l'Administration n'ayant qu'un nombre insignifiant d'appareils Caselli, ce serait ici le cas d'autoriser des Compagnies particulières à établir entre les grands centres de population et à faire fonctionner à l'aide d'appareils de cette nature, les lignes télégraphiques directes dont nous avons parlé dans notre Avertissement.

23 — A la suite des explications précédentes, on peut dresser le tableau suivant (tableau A), qui fait connaître les taxes nouvelles que nous voudrions voir substituer aux taxes officielles en vigueur. Ces taxes nouvelles devront subir dans chaque cas l'augmentation

spécifiée au nº 19, touchant la distance kilométrique séparant les stations de départ et d'arrivée. Cette observation concerne également les tableaux B et C qui seront dressés un peu plus loin à l'occasion des dépêches secrètes.

Dans ces trois tableaux, T. O. signifie *tarif officiel en vigueur*, et T. P. *tarif proposé*.

Enfin le lecteur ne devra point perdre de vue, à l'occasion des tableaux A et C, que rien n'empêche l'expéditeur de faire usage de l'orthographe sténographique pour écrire sa dépêche, ce qui le fera bénéficier d'un 1/3 sur l'étendue, et par suite sur le prix de sa dépêche, ainsi qu'il sera expliqué quand nous parlerons des dépêches sténographiques (26).

DÉPÊCHES NON SECRÈTES

A TABLEAU COMPARATIF DES TAXES OFFICIELLES ET DES TAXES NOUVELLES PROPOSÉES.

MORSE OU HUGHES.			CASELLI. (2)				OBSERVATIONS.
NOMBRE DE MOTS de la DÉPÊCHE.	T. O. (1)	T. P.	DIMENSIONS des feuilles à dépêches en centimètres carrés. (3)	NOMBRES approximatifs de mots correspondants	T. O.	T. P.	
20	2f 00	0f 50					(1) La taxe de 2 fr. pour les dépêches simples étant beaucoup plus générale que celle de 1 fr., nous n'avons point parlé de cette dernière.
30	3 00	0 75	30	25	6f 10	1f 60	
40	4 00	1 00					
50	5 00	1 25	60	50	12 10	3 10	(2) Voir l'article 14 de la loi du 13 Juin et l'Exposé des motifs.
60	6 00	1 50					
70	7 00	1 75	90	75	18 10	4 60	(3) Pour fixer les idées, nous avons pris 4 feuilles des dimensions ci-contre.
80	8 00	2 00					
90	9 00	2 25	120	100	24 10	6 10	
100	10 00	2 50					

DÉPÊCHES SECRÈTES

24 — Nous venons de faire connaître les taxes nouvelles que nous proposons pour les dépêches ordinaires ou non secrètes, et nous avons pu dresser le tableau comparatif A de ces nouvelles taxes et des taxes officielles en vigueur. Mais pour les dépêches secrètes aucune comparaison de ce genre n'est possible, attendu que les dépêches secrètes dont nous proposons l'adoption n'ont aucun rapport avec les dépêches chiffrées officielles, sur lesquelles elles présentent tous les avantages que nous avons énumérés dans notre Avertissement.

Le tableau B fait connaître les taxes des dépêches chiffrées autorisées par la loi du 13 Juin 1866, et le tableau C celles que nous proposons pour les dépêches secrètes nouvelles propres à remplacer les dépêches chiffrées du tableau B. En comparant ces deux tableaux et en considérant en particulier le tableau C, on verra les avantages dont nous voudrions que l'on fît jouir désormais le Public. Rappelons encore que les taxes de ce dernier tableau doivent toutes être augmentées du $^{1}/_{10}$ de la distance kilométrique, et disons en passant que le principe qui nous a guidé pour les établir est celui-ci : *Quand la dépêche est secrète, le* $^{1}/_{10}$ *de la distance kilométrique s'ajoute au double de la taxe de la dépêche non secrète.* L'application de ce principe peut être facilement vérifiée pour les dépêches Caselli, par exemple (voir les n°s 21 et 22, et les tableaux A et C).

Nous ne pouvons, sans anticiper, entrer dans les détails justificatifs des nouvelles taxes proposées. Cette justification est basée sur la sauvegarde mutuelle des intérêts du Publie et de ceux de l'Administration : elle ressortira d'elle-même dans la description détaillée que nous donnerons plus tard de chacun de nos nouveaux modes de transmission secrète, où pourront être appréciés d'une part les ennuis et les avantages que procurent à l'expéditeur et au destinataire la préparation et la lecture de leur dépêche, et de l'autre la rapidité beaucoup plus grande du nouveau service télégraphique, ainsi que les bénéfices légitimes que l'Administration a le droit d'en attendre.

TAXES DES DÉPÊCHES CHIFFRÉES DE L'ADMINISTRATION

B

(LOI DU 13 JUIN 1866)

MORSE OU HUGHES. (1)		CASELLI. (3)			OBSERVATIONS.
NOMBRE approximatif des mots de la dépêche. (2)	T. O.	DIMENSIONS des feuilles à dépêches en centimètres carrés.	NOMBRES approximatifs de mots correspondants.	T. O.	
20	4f 00				(1) Voir les articles 2, 3 et 13 de la loi et l'Exposé des motifs. (2) Nous disons *approximatifs* en raison du changement de la base du calcul des taxes. (Voir l'article 13 de la loi et l'Exposé des motifs.) (3) Voir les articles 2, 3 et 14 de la loi et l'Exposé des motifs.
30	6 00	30	25	12f 10	
40	8 00				
50	10 00	60	50	24 10	
60	12 00				
70	14 00	90	75	36 10	
80	16 00				
90	18 00	120	100	48 10	
100	20 00				

C

TAXES DES DÉPÊCHES SECRÈTES NOUVELLES

PROPOSÉES POUR REMPLACER LES DÉPÊCHES CHIFFRÉES DU TABLEAU B.

NON CHIFFRÉES				NOMBRE approximatif DES MOTS pour LES DÉPÊCHES nos 2, 3, 4 et 5.	PAR INVERSION.	CHIFFRÉES AVEC CLEF INCONNUE DU DESTINATAIRE	
N° 1. CASELLI MODIFIÉ.			N° 2. HUGHES MODIFIÉ. T. P.		N° 3. HUGHES MODIFIÉ. T. P.	N° 4. HUGHES COMBINÉ. T. P.	N° 5. MORSE COMBINÉ. T. P.
DIMENSIONS des feuilles à dépêches en centimètres carrés.	NOMBRES approximatifs de MOTS correspondants.	T. P.					
			1f 00	20	1f 00	1f 00	1f 00
30	25	3f 10	1 50	30	1 50	1 50	1 50
			2 00	40	2 00	2 00	2 00
60	50	6 10	2 50	50	2 50	2 50	2 50
			3 00	60	3 00	3 00	3 00
90	75	9 10	3 50	70	3 50	3 50	3 50
			4 00	80	4 00	4 00	4 00
120	100	12 10	4 50	90	4 50	4 50	4 50
			5 00	100	5 00	5 00	5 00

25 — L'examen attentif des quatre tableaux précédents en dit plus que tous les commentaires, et nous n'en finirions pas, si nous nous étendions davantage sur cette question, si pleine d'actualité, de l'abaissement des taxes télégraphiques; et cependant que de points importants encore à élucider ! Dans l'obligation où nous sommes de nous restreindre, il ne nous reste plus, afin de lui faire embrasser complètement la question à tous les points de vue, qu'à engager le lecteur, s'il ne l'a déjà fait, à lire, à lire encore et à relire toujours les débats si intéressants du Corps Législatif insérés au *Moniteur officiel* du 29 Mai dernier. A moins de mauvaise foi, ceux pour qui nous pourrions sembler ici entâché de radicalisme, seront peutêtre, après cette lecture, les premiers à nous accuser de modération et de tiédeur.

Contentons nous donc, pour terminer, de résumer en quelques mots tout ce qui a été dit ou écrit dans ces derniers temps sur le sujet qui nous occupe.

D'une part :

Si le Gouvernement prenait courageusement l'initiative de l'abaissement des taxes, quelque considérable que pussent être les frais généraux de premier établissement nécessités par l'augmentation du personnel et du matériel télégraphiques qui serait la conséquence du nouvel état de choses, il est certain que les recettes couvriraient et bien au delà les dépenses ;

Et d'autre part :

Si malgré tous ses efforts, il arrivait que le matériel et le personnel de l'Administration ne pussent plus suffire aux exigences nécessitées par l'immense accroissement des dépêches, résultant de l'abaissement des taxes, notre Gouvernement est trop fort, trop libéral et trop ami du progrès pour hésiter un instant de plus à se décharger sur les Compagnies particulières dont nous avons parlé d'une partie de la besogne considérable dont il a eu jusqu'ici le monopole.

IV

DÉPÊCHES STÉNOGRAPHIQUES

26 — Faisons maintenant connaître les avantages précieux que présenterait à l'expéditeur l'emploi d'une orthographe sténographique des dépêches. Cet emploi est immédiatement justifié, si l'on songe au style amphigourique auquel nous avons journellement recours par la suppression de certains mots de nos dépêches afin d'avoir à payer le moins possible à l'Administration, et aux ambiguités et aux erreurs continuelles qui en résultent.

Notre orthographe est celle de la plupart des sténographies, c'est-à-dire qu'elle est en quelque sorte dictée par l'oreille ; elle dispense des règles de l'euphonie, quand l'absence de ces règles n'est pas trop choquante ou qu'elle ne nuit pas à l'intelligence de la dépêche. Les règles en peuvent être résumées ainsi qu'il suit :

1° Les *e* muets, la lettre *h*, et en général toutes les lettres ou assemblages de lettres qui ne se font pas entendre ou dont on peut sans grave inconvénient s'affranchir dans la prononciation d'un mot ne s'expriment jamais.

2° Les sons ou voyelles nasales *an*, *in*, *on*, *un*, *eu*, *ou*, quelle qu'en soit l'orthographe, sont assimilés à de simples voyelles; et la consonne sifflante *ch*, la consonne nasale *gn*, et la consonne mouillée *ill*, à des consonnes ordinaires.

3° Toute consonne figurant dans un mot sonne comme si elle était doublée.

4° La lettre *c*, quand elle a le son du *k* ou de la lettre *q*, est remplacée par l'une de ces deux dernières lettres ; une règle analogue s'applique à cette même lettre *c* quand elle a le son de l'*s*, à la lettre *g* quand elle a le son du *j*, et à la lettre *s* quand elle a le son du *z*.

D'après ces règles l'alphabet ordinaire ferait place au suivant :

a, b, d, e, f, g, i, j, k, l, m, n, o, p, r, s, t, u, v, x, z, w.

auquel on adjoindrait, en les remplaçant, bien entendu, par un signe unique, les sons :

an, in, on, un, eu, ou, ch, gn, ill.

Il ne serait plus fait usage des lettres majuscules ni des accents, et l'on pourrait, à l'extrême rigueur, se dispenser de toute ponctuation ; la virgule ne serait conservée que pour l'écriture des nombres décimaux. Enfin l'on rapprocherait les uns des autres les mots de toute une dépêche, de la même manière que les lettres d'un mot le sont entre elles, ce qui permettrait à l'expéditeur d'écrire sur une feuille d'une grandeur donnée une dépêche beaucoup plus étendue.

Pour donner une idée du bénéfice que procure à l'expéditeur ce genre d'orthographe, prenons, pour exemple de la dépêche à transmettre, la phrase suivante :

1° *Donnez-nous promptement des nouvelles de votre famille, et faites nous savoir si elle est toujours dans l'intention de partir la semaine prochaine pour l'Angleterre, et de là se rendre en Allemagne et en Italie.*

Supposons que les sons *an, in, on, un, eu, ou, ch, gn, ill* soient représentés par les lettres *a, i, o, u, e, o, c, g, i* par lesquelles ils commencent, armées de l'accentuation ′ ou ″ comme on le voit ci-dessous, savoir :

an,	*in,*	*on,*	*un,*	*eu,*	*ou,*	*ch,*	*gn,*	*ill*
a′	*i′*	*o′*	*u′*	*e′*	*o″*	*c′*	*g′*	*i″*

La phrase ci-dessus deviendra successivement :

2° *donenou prontman de nouvel d votr famiill et fetnou savoar si el e toujour dan lintansion d partir la smen prochen pour langlter′e dla s randr an almagn e an itali.*

3° *doneno″pro′tma′deno″veldvotrfamii″efetno″savoarsieleto″jo″r da′li′ta′sio′dpartirlasmenproc′enpo″rla′glteredlasra′dra′almag′ea′itali*

Or il est facile de voir au premier coup d'œil tout l'avantage que présenterait à l'expéditeur, dans le système Caselli par exemple, la manière d'écrire employée pour la dépêche 3°, puisqu'elle exige près de la moitié moins d'espace pour écrire la dépêche, sans cesser d'être intelligible pour le destinataire. Cet avantage serait bien mieux apprécié encore si, au lieu d'une simple phrase, on avait une longue dépêche à expédier.

L'orthographe que nous proposons peut s'appliquer avec avantage à tous les systèmes de télégraphie possibles; elle fait bénéficier l'expéditeur de plus d'un tiers du prix de la dépêche, puisque la moyenne des lettres d'un mot suivant l'orthographe usuelle est 5, tandis qu'elle n'est que 3 suivant l'orthographe proposée.

Avec un peu d'habitude cette manière d'écrire devient promptement familière; mais pour qu'on puisse bénéficier du tiers du prix de la dépêche, il sera indispensable que la taxe soit basée non plus sur le nombre des mots, mais bien sur celui des lettres de la dépêche.

Il est vrai que cette manière de taxer les dépêches serait désavantageuse avec le mode de contrôle habituel, en raison de la perte de temps qui en résulterait pour le service; mais il existe un moyen aussi simple qu'infaillible d'éviter cette perte de temps, et de rendre même la besogne des employés beaucoup plus rapide, en leur évitant toute espèce de contrôle des mots ou des lettres des dépêches. Ce moyen consiste à obliger le Public à écrire ses dépêches sur des papiers quadrillés spéciaux dont il sera parlé ultérieurement (81).

IIe PARTIE

DÉPÊCHES SECRÈTES NON CHIFFRÉES

DÉPÊCHE N° 1

TRANSMISE PAR L'APPAREIL CASELLI MODIFIÉ

I

DESCRIPTION DU MATÉRIEL SUPPLÉMENTAIRE SPÉCIAL AU SERVICE DE LA DÉPÊCHE

27 — Le matériel nouveau qui sert à compléter le service de la dépêche n° 1 comprend : un cylindre à dépêche, un cylindre enveloppe et un disque gommé. Nous allons décrire les formes et faire connaître la destination de ces divers objets dans la supposition que le lecteur connaisse le mécanisme général de l'appareil Caselli.

Il peut se faire qu'au moment où nous écrivons ces lignes des modifications aient été apportées à cet appareil : ces modifications, nous ne les connaissons pas.

Si donc le petit appareil auxiliaire que nous proposons pour sauvegarder le secret des dépêches Caselli est bon en principe, il est probable qu'il y aura lieu de le modifier dans quelques détails, comme de modifier également dans quelques unes de ses parties secondaires l'appareil Caselli lui-même, pour que le nôtre puisse s'y adapter en vue de l'objet que nous nous proposons.

C'est donc sous toutes réserves que nous donnons les descriptions suivantes, que nous commencerons par celle du cylindre enveloppe, la connaissance de ce cylindre étant nécessaire pour bien apprécier le mode d'installation du cylindre à dépêche et l'objet qu'il doit remplir.

CYLINDRE ENVELOPPE

28 — Le cylindre enveloppe comprend un cylindre enveloppe proprement dit et son châssis.

Le châssis est représenté en plan, en élévation et en coupe dans la figure 1 ; par conséquent toute explication donnée au sujet de la fig. 2, qui pourrait présenter quelque difficulté, deviendra immédiatement claire en se reportant à la fig. 1, dont le lecteur devra préalablement se bien rendre compte.

Soit maintenant *abcd*, le châssis vu en plan, fig. 2. Au deux côtés *ab, cd*, du châssis sont adaptées des tringles rectangulaires $tt', t''t'''$ en acier de deux millimètres 1/2 de diamètre reliées entre elles à leurs extrémités antérieures t', t'''. Ces tringles sont disposées de telle sorte que des anneaux de dimensions convenables qui y seraient enfilés peuvent les parcourir avec la plus grande facilité dans toute leur longueur, sans obstacle de la part du châssis.

L'enveloppe, vue en plan fig. 4 ou fig. 5, en élévation fig. 6 et en profil fig. 7, est un demi-cylindre extrêmement léger construit en ferblanc de la plus mince épaisseur possible. Les extrémités des deux circonférences qui forment les bases de l'enveloppe, fig. 7, sont terminées par de petits anneaux également en acier, qui peuvent s'enfiler dans les tringles $tt', t''t'''$ du châssis, fig. 2, lequel se trouve alors, en raison de la longueur du cylindre de l'enveloppe relativement à celle du châssis, recouvert en presque totalité par ce cylindre, quelle que soit la position de ce cylindre sur les tringles. Il est évident, pour qu'il en puisse être ainsi, que l'introduction des quatre anneaux de l'enveloppe dans les tringles du châssis aura dû précéder la fermeture à la soudure ou autrement des tringles en question.

L'enveloppe, fig. 4, fig. 5 et fig 6, porte à peu près vers son milieu une échancrure de 5 millimètres de largeur, qui s'arrête aussi près que possible de ses génératrices extrêmes, sans en compromettre toutefois la solidité ; ce qui n'est du reste point à craindre une fois que le cylindre est en place sur les tringles du châssis. Enfin l'échancrure de l'enveloppe est formée d'un morceau de soie noire appliqué avec soin sur la partie de la paroi intérieure du cylindre voisine de cette échancrure. La trame de cette soie est supposée enlevée, et les hachures des fig. 4, 5 et 6 représentent la chaîne seulement du morceau de soie en question. Cette chaîne à son tour est supposée coupée en son milieu, dans toute l'étendue de l'échancrure, ainsi qu'on le voit dans les fig. 4, 5 et 6.

La soie n'étant pas conductrice de l'électricité, il en résulte que, si l'on suppose : 1° que l'enveloppe soit placée sur les tringles du châssis supposé fixe ; 2° que le style de platine qui parcourt le cylindre de la feuille à dépêche de l'appareil Caselli pénètre par son extrémité dans le milieu de l'échancrure ; 3° et qu'enfin le plan de ses oscillations successives soit perpendiculaire à l'axe du cylindre enveloppe, il en résulte, disons-nous, que, sans transmettre au cylindre enveloppe le courant électrique par lequel il est traversé, ce style de platine continuera d'exécuter avec la plus grande facilité ses oscillations dans l'échancrure, puisque la résistance opposée par les fils de soie de l'échancrure est nulle, et qu'il entraînera aussi, dans ses oscillations successives que nous supposerons s'exécuter de droite à gauche, le cylindre enveloppe lui-même, en raison de l'extrême légèreté et de l'extrême mobilité de celui-ci sur les tringles du châssis (1).

(1) Dans cette supposition, c'est le style de platine du sytème Caselli qui, lors de l'accomplissement de ses oscillations, entraîne notre cylindre enveloppe par la pression continue qu'il exerce contre l'un des côtés de l'échancrure.

Si l'on craignait que ces pressions ou frottements réitérés du style n'amenassent l'usure prompte de la partie du voile de l'échancrure contre laquelle ils s'exercent, on pourrait opérer la mise en mouvement du cylindre enveloppe, non plus avec ce style, mais bien à l'aide d'une petite tige métallique faisant corps avec le petit chariot de l'appareil Caselli qui entraîne ce style lui-même. Cette tige appuierait extérieurement par son extrémité contre la base droite du cylindre enveloppe de la figure 4, et entraînerait, dans son mouvement, ce cylindre de droite à gauche pour lui faire prendre la position de la figure 5.

Pendant ce dernier mouvement, l'extrémité du style, qui serait engagée dans l'échancrure sans la toucher d'aucune part, exécuterait ses oscillations latérales sans participer en rien à la mise en mouvement du cylindre enveloppe, et par suite sans produire les frottements ni amener à la longue l'usure dont il s'agit. Ce sont évidemment là des points de détail sur lesquels l'expérience seule peut prononcer.

CYLINDRE A DÉPÊCHE

29 — Le cylindre à dépêche, qui n'est point représenté dans nos figures, n'est autre que celui sur lequel on applique, dans l'appareil Caselli, la feuille métallique destinée à la transmission de la dépêche ou la feuille de papier cyanuré destinée à sa réception; seulement la partie inférieure de ce cylindre, au lieu de s'engager entre les petits rails en fonte établis sur la table du transmetteur ou du récepteur Caselli, s'engage dans le châssis du cylindre enveloppe (1), tandis que c'est ce châssis, surmonté de son cylindre enveloppe qu'il n'abandonne jamais, qui s'engage directement entre les petits rails en question.

Il en résulte que si le châssis est fixe, le cylindre à dépêche le sera aussi; et que, si des dimensions convenables ont été données aux diamètres des deux cylindres, le cylindre à dépêche ne gênera en rien la course du cylindre enveloppe sur les tringles du châssis.

La partie inférieure du cylindre à dépêche est un rectangle métallique évidé, formant tiroir, dont les angles antérieurs sont arrondis extérieurement pour la facilité de son introduction dans le châssis du cylindre enveloppe.

La face antérieure de ce tiroir est percée d'un trou qui, lors de l'introduction du tiroir, fait fonction de gâche mobile. Il en résulte que, lorsque cette introduction dans le châssis supposé fixe est sur le point de se terminer, cette gâche se trouve forcément pénétrée par un pêne à dent et à ressort, installé sur le milieu de la partie antérieure du châssis, fig. 1. Il y a alors fermeture, c'est-à-dire que le cylindre à dépêche ne peut plus être dégagé du châssis, à moins que l'on ne presse sur le bouton du ressort de ce châssis (voyez la coupe de la figure 1), en même temps que l'on tire à soi le cylindre à dépêche en le saisissant par une petite poignée adaptée à sa partie postérieure.

Le cylindre à dépêche dans cette position est donc fixe comme le châssis, et la feuille à dépêche de la figure 3, que nous supposons appliquée sur ce cylindre dont elle affecte alors la forme, est fixe comme lui.

(1) Des rainures, que l'on n'a point fait paraître dans la figure 1, devront être pratiquées dans les côtés du châssis pour permettre cette introduction.

30 — Le rectangle *abcd*, fig. 3, étant supposé représenter la feuille à dépêche, ce n'est en réalité que dans un rectangle intérieur *efgh* tracé à l'avance sur cette feuille, avant qu'elle ne soit livrée à l'expéditeur, que celui-ci écrit le texe de sa dépêche. Imaginons maintenant que l'on ait également tracé à l'avance dans ce second rectangle *efgh* un troisième rectangle *eikh* de 5 millimètres de largeur; ce sera dans ce dernier rectangle que l'expéditeur devra écrire plus tard l'adresse du destinataire.

DISQUE GOMMÉ

31 — Le disque gommé est un disque de papier ayant pour objet de sauvegarder le secret de la dépêche; il est gommé sur l'une de ses faces, afin de pouvoir masquer le bouton du ressort du châssis (voir le plan de la fig. 1). A cet effet, après avoir légèrement humecté le pourtour de la partie gommée, on le colle sur le châssis, concentriquement au trou du bouton.

Le bouton du ressort du châssis est alors masqué; et, quand au bout de quelques instants le disque est sec, il n'est pas possible de presser le bouton du ressort afin de dégager le cylindre à dépêche sans briser ou sans arracher l'obstacle présenté par le disque.

Détails complémentaires

32 — Pour en finir avec l'appareil propre à sauvegarder le secret des dépêches Caselli, disons que cet appareil doit être tellement construit que la surface du cylindre à dépêche, les formes et les dimensions du châssis, ainsi que celles des tringles, n'apportent pas le plus léger obstacle au jeu facile de l'enveloppe sur les tringles.

Afin qu'il ne soit pas possible de dégager clandestinement le cylindre à dépêche du châssis du cylindre enveloppe en cherchant à introduire une tige rigide sous la partie concave de ces cylindres dans le but d'exercer avec l'extrémité de cette tige une pression sur la dent du pène du châssis et de dégager par suite cette dent de la gâche du cylindre à dépêche, on peut adapter en arrière de cette gâche une petite installation aussi simple que possible, ayant pour objet d'achever de masquer le pène à dent du châssis quand le cylindre à dépêche est poussé à fond dans ce châssis. Il est alors absolument impossible de dégager ce pêne de la gâche autrement qu'en pressant le bouton du ressort, c'est-à-dire en brisant le disque gommé. Il va sans dire que la petite installation en question fait corps avec le cylindre à dépêche.

Le cylindre à dépêche porte à sa partie postérieure une poignée ou bouton que nous ne pouvons mieux comparer qu'au bouton d'un tiroir ordinaire; à cet effet, le cylindre à dépêche est construit de telle sorte à cette partie postérieure que le bouton puisse y être commodément adapté. Quant au cylindre enveloppe, la tringle qui relie entre elles les deux tringles directrices sert de poignée, pour le transport, à l'expéditeur ou au piéton.

Le châssis étant un rectangle fermé à sa partie antérieure, il y aura lieu d'arrondir extérieurement les angles de cette partie antérieure afin de faciliter l'introduction de ses côtés parallèles entre les rails en fonte de l'appareil Caselli. Une fois engagé entre ces rails, le châssis doit y être aussi immobile que le cylindre à dépêche l'est lui-même dans ce châssis.

L'expérience fera reconnaître si l'introduction de l'extrémité du style dans l'échancrure du cylindre enveloppe au moment où l'on va transmettre ou recevoir une dépêche n'occasionne ni difficultés ni pertes de temps, et, dans le cas contraire, s'il ne conviendrait pas, au lieu de conserver la table du transmetteur et celle du récepteur telles qu'elles sont aujourd'hui, de les établir, pour éviter les tâtonnements possibles dont nous parlons, sur l'extrémité supérieure d'une forte tige verticale formant vis et qui permettrait au stationnaire, en s'aidant d'une poignée, d'imprimer au besoin un mouvement ascensionnel ou de descente doux et progressif aux tables en question, et d'assurer par suite l'introduction du style dans l'échancrure du cylindre enveloppe en même temps que le contact de la surface du cylindre à dépêche et de la pointe par laquelle se termine ce style.

Enfin si l'on craignait que la présence du cylindre enveloppe empêchât les stationnaires de s'assurer de la constance et de la régularité du courant électrique pendant l'opération synchronique de la transmission et de la réception, rien n'empêcherait de supprimer le voile de l'échancrure sur une longueur de 1 centimètre comptée à partir de l'extrémité *gc*, fig. 4, et même d'élargir un peu plus cette extrémité de l'échancrure pourvu toutefois que, tout en permettant aux employés de s'assurer de la régularité de la marche du courant et de la rétablir au besoin, l'ouverture ainsi pratiquée ne vînt point compromettre le secret de la dépêche.

FONCTIONNEMENT DU CYLINDRE ENVELOPPE PENDANT LA TRANSMISSION OU LA RÉCEPTION D'UNE DÉPÊCHE. — IMPOSSIBILITÉ POUR LE STATIONNAIRE DE DÉVOILER LE SECRET DE LA DÉPÊCHE

33 — Imaginons qu'au moment où la transmission d'une dépêche va commencer, le cylindre enveloppe de la figure 4 soit installé sur son châssis, fig. 2, et que ce dernier soit fixé entre les rails en fonte de la table du transmetteur de l'appareil Caselli. Comme on le voit par l'inspection des figures 2 et 4, l'enveloppe, à ce moment, s'appuie par sa partie droite contre la tringle de jonction $t't'''$ des deux tringles directrices tt', $t''t'''$.

Soit *abcd*, fig. 3, la feuille à dépêche vue en plan, et supposée placée sur le cylindre à dépêche. Admettons que celui-ci, à son tour, soit engagé dans le châssis du cylindre enveloppe, que nous n'avons point fait paraître dans nos figures. La pointe métallique, qui doit fournir la transmission de la dépêche, est supposée engagée dans l'échancrure *fbcg*, fig. 4, dont la partie gauche *fg* coïncide avec la limite droite *fg*, fig. 3, de la dépêche à transmettre *efgh*. Enfin un espace de 2 à 3 millimètres d'épaisseur seulement sépare l'une de l'autre les surfaces de l'enveloppe, fig. 4, et de la dépêche, fig. 3.

Dans la position qui vient d'être donnée ci-dessus les différentes parties de l'appareil, le voile de soie de l'échancrure recouvre la partie non écrite *fbcg* de la feuille à dépêche. Aussitôt que la transmission commence, le fil de fer ou de platine, dont la pointe parcourt la surface cylindrique *abcd* de la dépêche, fig. 3, entraîne de droite à gauche avec lui dans le cours de ses oscillations successives, l'enveloppe représentée fig. 4. Pendant la transmission le voile de l'échancrure dérobe d'une manière complète aux yeux du stationnaire le texte écrit de la dépêche. Quand, à la suite de ses oscillations, le fil de platine a achevé sa course de droite à gauche, l'enveloppe de la figure 4 vient prendre la position de la figure 5, et l'échancrure répond alors au rectangle non écrit *aehd* de la dépêche, fig. 3. Dans cette position extrême, le cylindre enveloppe se trouve arrêté par les extrémités t et t'' des tringles, et recouvre en entier le texte de la dépêche, ne laissant voir que la partie non écrite *fbcg*, fig. 3, de la feuille à dépêche. Tout ce que nous venons de dire pour la transmission d'une dépêche se passe exactement de même, s'il s'agit de sa réception.

Remarquons toutefois que, pour la transmission, le cylindre à dépêche est introduit dans le châssis du cylindre enveloppe par l'expéditeur, tandis que, pour la réception, c'est le stationnaire de la station d'arrivée qui est chargé de ce soin. On pourrait donc avec raison craindre au premier abord que le cylindre enveloppe ne fût complètement inutile pour assurer le secret de la dépêche, puisqu'il serait en effet possible au stationnaire de ce bureau de recevoir la dépêche sur le cylindre à dépêche sans l'avoir préalablement recouvert de son cylindre enveloppe; mais nous verrons plus loin (38) qu'il y a impossibilité d'opérer ainsi.

Pour peu que notre appareil soit bien construit, il est évident, à la suite des détails donnés plus haut, que le secret des dépêches Caselli sera sauvegardé, soit qu'il s'agisse de les transmettre, soit qu'il s'agisse de les recevoir.

L'extrême légèreté du cylindre enveloppe ne peut laisser aucun doute sur la facilité avec laquelle ce cylindre obéit au mouvement qui lui est imprimé par le fil de platine chargé de produire dans sa course la transmission ou la réception de la dépêche. Pendant toute la durée de ce mouvement, le voile de l'échancrure, qui doit être disposé de façon à isoler le fil de platine et à éviter toute déperdition du courant, masque d'une manière parfaite le texte de la dépêche, et il est impossible une fois la dépêche reçue, par exemple, de lire le texte produit sur le papier électro-chimique de l'appareil en soulevant les fils du voile, attendu que ce soulèvement n'est jamais que partiel et que cette seule circonstance rend la lecture de la dépêche tout à fait impossible.

Nous le répétons encore une fois : il faudrait connaître dans tous ses détails l'appareil Caselli tel qu'il est confectionné et tel qu'il fonctionne aujourd'hui, pour pouvoir préciser les formes et les dimensions de notre cylindre enveloppe, de manière que ce dernier appareil réponde complètement au but que nous nous sommes proposé. Ainsi il est évident que notre appareil doit être tel que, lorsque l'on transmet une dépêche, le principe des transmissions et des interruptions de courant de l'appareil Caselli ne soit en rien modifié. Il est encore évident que notre cylindre à dépêche et notre cylindre enveloppe devront subir les modifications de détail qu'entraîneront forcément les perfectionnements des éléments de l'appareil Caselli, tels que l'installation adoptée pour l'usure moins rapide des styles de réception, l'adoption de feuilles métallisées nouvelles pour l'écriture des dépêches à transmettre, le mode de préparation de ces feuilles ainsi que celui de leur installation sur les cylindres porte-dépêches, les préparations à faire subir aux feuilles électro-chimiques avant leur application sur ces cylindres, etc., etc.

II

DISPOSITIONS A PRENDRE PAR L'EXPÉDITEUR POUR LA PRÉPARATION DE SA DÉPÊCHE

34 — La personne qui désire expédier une dépêche se rend au bureau de tabac dont il est parlé au n° 5, pour s'y approvisionner dans les conditions spécifiées au n° 14 du matériel télégraphique nécessaire, c'est-à-dire d'une feuille de papier métallisée, d'un cylindre à dépêche, d'un cylindre enveloppe et d'un disque de papier gommé (13).

Elle achète une feuille à dépêche de la dimension voulue, qu'elle paie conformément aux prix figurant au tableau C (24). Les cylindres peuvent lui être délivrés sur caution ou lui être vendus (14); quant au disque gommé, il lui en est délivré un gratuitement.

Muni de ces objets, l'expéditeur se retire dans la salle d'attente annexée au bureau d'expédition (9), colle immédiatement son disque gommé ainsi qu'il est expliqué au n° 31, puis écrit sa dépêche en laissant figurer dans le petit rectangle dont il est parlé au n° 30 l'adresse du destinataire seulement.

Quand sa dépêche est bien sèche, l'expéditeur applique avec précaution la feuille à dépêche sur le cylindre à dépêche; puis, maintenant le cylindre enveloppe et son châssis, il engage le cylindre à dépêche, en le poussant par le bouton placé à sa partie postérieure, dans le châssis du cylindre enveloppe jusqu'à ce qu'il y ait fermeture des deux cylindres, c'est-à-dire qu'il ne soit plus possible de les dégager l'un de l'autre sans briser le disque gommé. Remarquons en passant que ce disque a eu tout le temps nécessaire pour sécher, pendant que l'expéditeur écrivait sa dépêche.

35 — L'expéditeur entre ensuite au bureau d'expédition (nos 6

et 7), et désigne à l'agent de ce bureau la station où il veut expédier sa dépêche. Celui-ci, ayant consulté son tableau d'affranchissement (nos 8 et 21), fait connaître à l'expéditeur la somme qu'il doit verser. Cet affranchissement étant perçu, l'agent ouvre son registre à souche de couleur (7), et inscrit sur le permis d'expédier qui fait immédiatement suite au dernier qui a été enlevé du registre le nom de la station destinataire et le montant de l'affranchissement perçu; puis il appose sur ce permis le cachet de l'Administration, qui est à timbre mobile et doit toujours porter la date du jour de l'expédition. Après avoir renouvelé cette opération sur la souche, l'agent détache, à l'aide de ciseaux, le permis d'expédier, et le remet à l'expéditeur. Muni de ses cylindres et de son permis d'expédier, celui-ci passe aussitôt au guichet de la salle des appareils.

Pour fixer les idées, supposons que Lyon soit la station de départ, Paris la station d'arrivée et 1583 le n° de la dépêche; la feuille du registre à souche, une fois les formalités précédentes remplies, pourra être figurée comme ci-dessous; c'est après ces formalités remplies que le permis d'expédier est détaché à l'aide de ciseaux et remis à l'expéditeur.

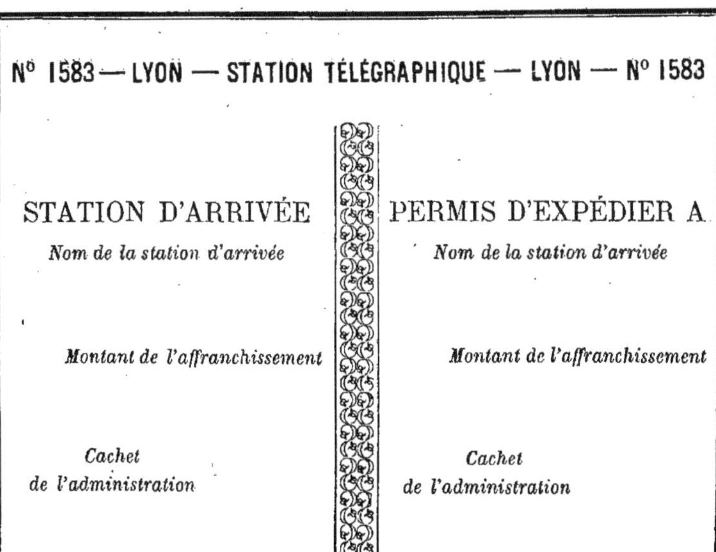
N° 1583 — LYON — STATION TÉLÉGRAPHIQUE — LYON — N° 1583

STATION D'ARRIVÉE	PERMIS D'EXPÉDIER A
Nom de la station d'arrivée	*Nom de la station d'arrivée*
Montant de l'affranchissement	*Montant de l'affranchissement*
Cachet de l'administration	*Cachet de l'administration*

36 — Si la dépêche est une *dépêche réponse payée*, quelques dispositions particulières devront être prises. L'agent du bureau de tabac aura dû remettre à l'expéditeur, au lieu d'une feuille métallisée ordinaire, une feuille métallisée présentant imprimés à l'avance dans une petite partie du rectangle de l'adresse (30) les mots : *Réponse payée pour*.......... (1).

On comprend que nous ne faisons qu'indiquer ici un moyen, et que l'expérience fera reconnaître s'il y a lieu de le modifier soit en élargissant le rectangle de l'adresse et en raccourcissant le cylindre enveloppe, soit de tout autre manière.

Le papier métallisé spécial à la préparation des dépêches *réponse payée* devra se distinguer au premier coup d'œil du papier destiné aux dépêches sans réponse, et être vendu à l'expéditeur au prix de la dépêche secrète sans réponse augmenté du prix de la dépêche ayant les dimensions ou le nombre de mots indiqués sur le rectangle de l'adresse.

L'agent du bureau d'expédition, sur l'avis qui lui est donné par l'expéditeur que sa dépêche est une dépêche *réponse payée*, s'en assure par un coup d'œil jeté sur les cylindres; puis il délivre le permis d'expédier, après avoir perçu de l'expéditeur un taux d'affranchissement double, et avoir reproduit identiquement sur ce permis et sur la souche de son registre les suscriptions relatives à la *réponse payée* portées dans le petit rectangle de l'adresse.

Quant aux autres formalités, elles restent les mêmes que dans le cas des dépêches secrètes sans réponse.

(1) Indiquer ici en toutes lettres le nombre de centimètres carrés de la feuille sur laquelle devra être faite la réponse, ou mieux le nombre approximatif de mots correspondant, la station d'arrivée pouvant ne pas disposer d'appareil Caselli pour répondre.

III

DISPOSITIONS A PRENDRE AUX STATIONS DE DÉPART ET D'ARRIVÉE. — TRANSMISSION ET RÉCEPTION

Devoirs du stationnaire expéditeur

37 — Rendu au bureau télégraphique, l'expéditeur présente à l'employé chargé de la transmission son permis d'expédier qui, on se le rappelle, doit être sur papier de couleur pour les dépêches secrètes. Cet employé jette un coup d'œil sur le permis pour s'assurer de sa régularité, et l'introduit, par une échancrure disposée à cet effet, dans une boîte fermée dont la clef est entre les mains du directeur du bureau télégraphique.

Le stationnaire, ayant appelé la station d'arrivée à l'aide de la sonnerie de son appareil, reçoit des mains de l'expéditeur l'ensemble des deux cylindres, engage le châssis du cylindre enveloppe entre les rails en fonte de la table du transmetteur de l'appareil Caselli, et transmet la dépêche.

La transmission étant opérée, le stationnaire dégage du transmetteur l'ensemble des deux cylindres, et le remet à l'expéditeur. Celui-ci dégage sa dépêche du cylindre à dépêche, en brisant le disque gommé pour faire jouer le bouton du châssis; puis il se retire avec les cylindres s'ils lui appartiennent, ou va les reporter au bureau de tabac qui les lui a fournis sur caution. L'agent de ce bureau reprend les cylindres et fait remise à l'expéditeur du montant de son cautionnement.

Devoirs du stationnaire destinataire et du piéton de service

38 — Les dispositions nécessaires pour assurer le service étant supposées prises ainsi qu'il va être dit plus bas, dès que la sonnerie de la station de départ se fait entendre, le stationnaire du bureau d'arrivée, sachant immédiatement par la nature de cette sonnerie qu'une dépêche secrète n° 1 va lui être transmise, prend aussitôt un des cylindres de réception préparés et apportés la veille dans son bureau (40). Il dégage le cylindre à dépêche du châssis de son cylindre enveloppe, applique avec les précautions voulues son papier cyanuré sur le cylindre à dépêche, et engage de nouveau *jusqu'à fermeture du système* ce cylindre dans le châssis du cylindre enveloppe; enfin il dispose l'ensemble des cylindres sur le récepteur de l'appareil, c'est-à-dire qu'il engage le châssis du cylindre enveloppe entre les rails en fonte de la table du récepteur, et non le cylindre à dépêche lui-même (29); car, si celui-ci pouvait être directement établi sur le récepteur, il est évident que le cylindre enveloppe deviendrait inutile, puisqu'avant d'en faire usage, le secret de la dépêche aurait été découvert.

39 — La transmission de la dépêche secrète étant opérée, le stationnaire du bureau d'arrivée dégage du récepteur l'ensemble des deux cylindres, et le remet au piéton de service. Celui-ci fait glisser légèrement le cylindre enveloppe afin de lire l'adresse du destinataire, auquel il va porter l'ensemble des deux cylindres.

Le destinataire enlève sa dépêche : à cet effet, il place sur une table l'ensemble des cylindres, appuie le pouce de la main droite (en maintenant de cette main le châssis sur la table) sur le disque gommé qu'il crève en faisant jouer le ressort du bouton du châssis, en même temps que de la main gauche il retire le cylindre à dépêche par son bouton. Il enlève du cylindre la feuille à dépêche, et remet seulement les deux cylindres au piéton.

Si le destinataire est absent, le piéton remet son message au concierge ou à une personne de la maison, mais en échange d'une somme qui soit la valeur représentative des deux cylindres. En cas de refus, le piéton remporte le message qui est classé, sans être ouvert, parmi les dépêches de rebut, jusqu'à réclamation du destinataire.

IV

DISPOSITIONS NÉCESSAIRES POUR ASSURER LE SERVICE DES DÉPÊCHES. — CONTRÔLE ET PERCEPTION

Mode de renouvellement des cylindres de réception des salles d'appareils

40 — Nous avons fait connaître une partie des dispositions nécessaires pour assurer le service, d'après le mode de transmission précédent. Il nous reste à dire comment on s'y prendra pour renouveler les cylindres des salles d'appareils, de manière à assurer le secret des dépêches reçues ; car, pour ce qui concerne les cylindres d'expédition qu'est chargé de fournir au Public le bureau de tabac voisin du bureau télégraphique (n°s 5 et 14), il est évident que, soit que l'expéditeur prenne ses cylindres sous caution, soit qu'il les achète, il sera toujours facile de s'arranger de façon que ce bureau ait toujours un approvisionnement tel qu'il n'y ait jamais d'arrêt dans le service. Quant au mode de renouvellement des cylindres de réception des salles d'appareils, il exige des dispositions particulières pour son exécution, en raison du secret qui doit être assuré aux dépêches reçues par l'Administration : nous pensons que ces dispositions pourraient être réglées ainsi qu'il suit.

Un registre à souche, contenant les disques de réception (ces disques différeraient, excepté pour la dimension, des disques fournis gratuitement au Public pour la préparation de ses dépêches) est mis en permanence à la disposition des piétons de service, qui en deviennent responsables. Ce registre est déposé dans un petit local exclusivement affecté aux piétons.

A l'heure fixée par le directeur, le piéton de service se rend chaque matin au bureau de ce fonctionnaire pour disposer, à la date du lendemain, le timbre mobile d'un cachet spécial ayant le même diamètre que les disques. Il emporte le cachet ainsi préparé et va le déposer dans le petit local dont il vient d'être parlé.

Chaque fois qu'un cylindre à dépêche et son cylindre enveloppe sont reportés de chez le destinataire par le piéton de service, ce piéton, après avoir dégagé *seulement en partie* le cylindre à dépêche du cylindre enveloppe, se rend au local où est déposé le registre à souche et l'ouvre au premier feuillet disponible pour le service. Il appose alors sur la souche de ce feuillet le timbre du cachet, enlève le disque gommé du feuillet (1) et le colle sur le pourtour du trou du bouton du châssis du cylindre enveloppe ; puis il met de côté l'ensemble des deux cylindres sans les engager davantage l'un dans l'autre.

Le piéton agit exactement de même chaque fois qu'il revient de porter une dépêche à destination, et tous les cylindres ainsi préparés sont mis à part.

Chaque jour, à une heure également fixée par le directeur du bureau télégraphique, le cachet et les cylindres préparés par le piéton sont présentés au directeur qui, dès qu'il s'est assuré que les disques sont parfaitement secs (il ne faut pas 10 minutes pour établir cette siccité), appose sur le pourtour des disques des cylindres le timbre du cachet. Cette opération terminée, le cachet reste au bureau du directeur et les cylindres de réception sont portés par le piéton dans la salle des appareils pour servir à la réception du lendemain.

D'après cette manière d'opérer, la salle des appareils étant supposée munie à l'avance du nombre maximum de cylindres nécessaire à la réception des dépêches dans une journée, il est évident que le service ne souffrira pas d'interruption. S'il arrivait que les

(1) Pour que les disques gommés de réception puissent être facilement et promptement enlevés du registre à souche, il sera bon que leurs circonférences soient à l'avance percées de petits trous comme les timbres poste de nos lettres sur la feuille qui les assemble.

cylindres de réception apportés dans la salle des appareils ne fussent pas totalement épuisés à la fin du jour pour lequel ils sont destinés, les cylindres en excédant serviraient pour la réception des jours suivants, sans qu'on fût obligé d'en changer les disques. La date imprimée sur les disques a en effet moins pour objet l'exacte indication du jour où s'opère la réception de la dépêche que la garantie du secret de cette dépêche.

Or cette garantie est évidemment assurée, puisque, la siccité des disques devant précéder l'opération de l'apposition du cachet par le directeur, et le jour où cette opération a lieu devant à son tour précéder celui ou ceux de l'emploi des cylindres sur lesquels les disques ont été collés, il est clair qu'un disque ne pourra jamais être enlevé clandestinement et être ensuite remis en place, sans qu'une lacération visible en avertisse le destinataire

Contrôle et Perception

41 — Le contrôle des dépêches expédiées et celui des dépêches reçues son rendus faciles à l'aide des deux registres à souche tenus par l'agent du bureau d'expédition (35) et par les piétons du bureau télégraphique (40). Quant à la perception des taxes télégraphiques, il y aurait, à l'extrême rigueur, lieu de créer un emploi spécial pour l'opérer; mais rien, ce nous semble, n'empêche d'éviter cette création.

A la fin de chaque mois, par exemple, au jour et à l'heure fixés par le directeur du bureau télégraphique, les agents des bureaux de tabac pourraient venir rendre compte de leurs opérations au bureau du directeur qu'assisteraient dans cette circonstance un ou deux stationnaires. Le contrôle et la perception des recettes seraient aussi simples que rapides. Les registres à souche précédents et les permis d'expédier introduits par les stationnaires dans la boîte à échancrure, dont il a été parlé à l'occasion des devoirs du stationnaire expéditeur (37), seraient transmis, à des époques déterminées, au siége de l'Administration centrale à Paris.

Le récollement du matériel télégraphique confié aux soins des agents des bureaux de tabac, le contrôle du bon état de ce matériel, etc., pourraient avoir lieu inopinément ou au jour et à l'heure fixés par le directeur responsable. Ce fonctionnaire désignerait un employé pour faire ce récollement et ce contrôle.

V

OBSERVATIONS RELATIVES AU MODE DE TRANSMISSION PRÉCÉDENT. — DÉPÊCHES NON SECRÈTES

42 — Fidèle à notre principe d'exonérer par tous les moyens possibles les employés des salles d'appareils de toute besogne étrangère à la transmission et à la réception des dépêches, afin que ces employés n'aient à s'occuper exclusivement que de ces dernières opérations, nous avons, ainsi qu'on a pu le voir par tout ce qui précède, rejeté cette besogne sur le Public, les agents des bureaux de tabac et les piétons. Nous croyons, en agissant ainsi, avoir atteint notre but.

Les cylindres à dépêches et les cylindres enveloppes d'expédition étant exactement les mêmes que ceux de réception, le prix de ces cylindres pourrait être d'autant plus réduit qu'il n'y en aurait que d'une seule espèce et que, devant être construits suivant un mode uniforme et en quantité considérable, les parties essentielles dont ils se composent pourraient être obtenues à l'emporte-pièce, etc.

L'Administration n'aurait plus à s'occuper de transmettre l'heure et le lieu du dépôt, le numéro de la dépêche, etc. La communication de ceux de ces renseignements qui pourraient intéresser le destinataire ressortirait exclusivement à l'expéditeur qui les consignerait sur sa feuille à dépêche, comme sur une lettre ordinaire.

Le Public n'ayant évidemment pas besoin d'autres garanties de l'Administration au sujet de ses dépêches que celles qui lui sont données pour les lettres qu'il confie à la poste, il sera complètement inutile que le nom de l'expéditeur et celui du destinataire figurent sur les permis d'expédier ou sur un registre quelconque. L'Administration télégraphique ne devra également plus exiger du destinataire qu'il signe l'imprimé qui lui est chaque fois présenté par le piéton de service, afin de constater que sa dépêche lui a été fidèlement remise. Pourquoi l'Administration des postes ne procéderait-elle pas en effet de la même manière pour ses lettres, et où en serions-nous s'il en était ainsi ! Débarrassons donc le service de toutes les formalités inutiles qui l'ont entravé jusqu'ici, et sortons enfin de la routine.

Dépêches non secrètes

43 — Si les dépêches ne doivent pas être secrètes, les disques gommés ne servent plus. Les cylindres enveloppes ne servent pas davantage ; mais afin d'utiliser pour le service des dépêches non secrètes le matériel télégraphique qui sert pour celui des dépêches secrètes, on n'enlèvera pas les cylindres enveloppes de dessus leurs châssis avec lesquels ils font corps, et que l'on ne peut se dispenser de conserver, attendu que, quel que soit le genre de dépêches, l'on n'a pas oublié que ce n'est pas le cylindre à dépêche, mais bien le châssis du cylindre enveloppe qui peut seul s'engager entre les rails en fonte de l'appareil Caselli. La préparation des cylindres de réception par les piétons est également supprimée. A part ces différences qui accélèrent encore le service, on voit que la transmission et la réception des dépêches non secrètes et celle des dépêches secrètes s'opèrent exactement de la même manière.

Toutefois, pour que les deux genres de service soient bien scindés et ne donnent lieu à aucune confusion, l'Administration pourra exiger que l'expéditeur présente au stationnaire son cylindre à dépêche entièrement dégagé du cylindre enveloppe, au lieu de présenter ces cylindres comme n'en faisant qu'un seul comme dans le cas des dépêches secrètes.

On pourrait également, pour la réception des dépêches non secrètes, avoir dans la salle des appareils quelques châssis sans cylindres enveloppes (deux ou trois seulement suffiraient). Le cylindre à dépêche s'engagerait alors dans le châssis, et le papier cyanuré destiné à recevoir la dépêche resterait à découvert.

DÉPÊCHE N° 2

TRANSMISE PAR L'APPAREIL HUGHES MODIFIÉ

I

DESCRIPTION DU MATÉRIEL SUPPLÉMENTAIRE SPÉCIAL AU SERVICE DE LA DÉPÊCHE

44 — L'idée d'un petit appareil auxiliaire propre à transmettre secrètement avec le télégraphe Hughes une dépêche non chiffrée, et à la faire parvenir imprimée au destinataire, nous est venue lors de la visite rapide que nous fîmes, il y a quelques mois, des appareils Hughes qui fonctionnent au siége de l'Administration centrale des lignes télégraphiques à Paris. Les renseignements précieux que nous devons à l'obligeance des employés chargés du fonctionnement de ces merveilleux appareils n'ont fait que corroborer notre idée première, et nous donnent la certitude que la réalisation de l'appareil auxiliaire dont nous allons parler ne peut être l'objet d'aucune difficulté sérieuse pour les artistes si habiles de notre époque.

Le service de la dépêche n° 2 exige d'abord un appareil Hughes; il exige ensuite (13) une boîte à transmission et à réception simultanées, et une bande de papier gommé. Si nous renvoyons souvent le lecteur, à l'occasion du matériel supplémentaire spécial à la dépêche qui nous occupe, aux descriptions que nous donnons en particulier pour la dépêche n° 5, on peut en voir les motifs au 2e paragraphe du n° 80.

BOITE A TRANSMISSION ET A RÉCEPTION SIMULTANÉES

45 — Nous avons imaginé pour pouvoir transmettre et recevoir, à l'aide de l'appareil Hughes, les dépêches secrètes non chiffrées, une boîte spéciale dont l'élévation, le plan, la coupe et la perspective sont représentés aux figures 19, 20, 21 et 22. Cette boîte présente ce double avantage qu'une fois confiée au stationnaire, cet employé expédie la dépêche écrite à la main par l'expéditeur et introduite dans la boîte, sans pouvoir en pénétrer le secret; et que remise ensuite à l'expéditeur, celui-ci trouve dans sa boîte la copie imprimée du texte parvenu au destinataire, sans que le stationnaire du bureau d'arrivée, à son tour, ait pu prendre connaissance de cette copie.

Pour bien comprendre les dispositions et le fonctionnement de notre boîte, il faut avant tout que le lecteur possède la parfaite connaissance des boîtes de transmission et de réception de la dépêche n° 5 (voir les nos 84 et suivants), la boîte spéciale qui nous occupe n'étant autre que leur assemblage dans des conditions particulières. Mais nous pouvons toutefois donner immédiatement une idée à peu près complète de ces dispositions et de ce fonctionnement.

Imaginons qu'un employé soit installé devant le clavier d'un appareil Hughes. Soient, fig. 22, T la roue des types et R le rouleau imprimeur de cet appareil. Supposons que la boîte spéciale dont il s'agit soit établie sur un support horizantal fixe S, situé à gauche de la roue des types, de façon que l'échancrure *e* de cette boîte soit à peu près à hauteur du centre de cette roue. Supposons en outre que la face de la boîte qui porte l'échancrure *e* soit inclinée à 45° du côté de l'employé, de manière à lui permettre de lire avec la plus grande facilité à leur passage devant cette échancrure, qui a 25 millimètres de largeur sur 15 millimètres de hauteur, les lettres d'une dépêche écrite sur une bande disposée dans l'intérieur de la boîte.

Quand l'appareil Hughes fonctionne, la bande B, qui fournit la reproduction imprimée de la dépêche transmise, s'engage, au fur et à mesure qu'elle se déroule, dans le tambour cylindrique X de la boîte, par une échancrure disposée à la partie inférieure de ce tambour, fig. 21. A cet effet un appareil d'horlogerie du moindre volume possible et disposé convenablement (ou plus simplement encore une transmission de mouvement émanant de l'appareil Hughes lui-même), fait tourner, à l'aide du tourillon x (voir les quatre figures) une bobine disposée dans l'intérieur du tambour X, fig. 22, et produit par suite l'enroulement de la bande B sur cette bobine.

Donnons maintenant un coup d'œil attentif sur les figures 19, 20 et 21, et plus particulièrement sur cette dernière. Le moteur, quel qu'il soit, qui met en mouvement l'axe de la bobine du tambour X (1) fait aussi mouvoir, à l'aide d'un petit engrenage conique intérieur, l'axe y d'un 2e tambour disposé dans l'intérieur de la boîte. Ce tambour y est destiné à recevoir sur sa partie convexe l'enroulement de la bande sur laquelle l'expéditeur a écrit sa dépêche, et, par suite de cet enroulement, à faire successivement passer devant l'échancrure de la figure 22, les lettres écrites sur cette bande : pour qu'il puisse en être ainsi, cette bande est supposée enroulée à l'avance sur une bague mobile engagée à son tour sur un tambour à axe fixe z (2).

Après ces explications générales l'objet de notre boîte est immédiatement compris. L'expéditeur écrit sa dépêche sur une bande qui est enroulée sur la bague mobile; cette bague est introduite par l'expéditeur sur le tambour à axe fixe z, situé dans le compartiment CDEF, fig. 20. Dans ce but, ce compartiment s'ouvre, ainsi que le montrent les figures 20 et 21, suivant CDKH à l'aide d'une charnière CD. Quand ce compartiment est refermé, fig. 19, 20 et 22, son couvercle contribue à compléter l'échancrure rectangulaire devant laquelle passent les lettres de la dépêche à expédier. Ces lettres passent, pour la plus grande commodité de l'employé, de droite à gauche ainsi qu'il est facile de le voir, avec la même vitesse et dans le même sens que les lettres de la dépêche imprimée de la bande B, fig. 22.

(1) On n'a point fait figurer cette bobine pour ne pas compliquer inutilement la figure 21.

(2) On n'a pas fait davantage figurer ce tambour ni cette bague sur les planches : se reporter à la description de la boîte de transmission, nos 84 et suivants.

La dépêche imprimée s'enroule dans le tambour X, sans qu'il soit possible de l'en faire sortir, tandis que la dépêche manuscrite se déroule de la bague mobile pour venir s'enrouler sur le tambour à axe y, sans qu'il soit plus possible, une fois ce dernier enroulement opéré, de lui faire abandonner ce tambour.

Nous le répétons : le lecteur devra pour bien comprendre le mécanisme de notre boîte à transmission et à réception simultanées, avoir la connaissance parfaite de la boîte de transmission et de la boîte de réception de la dépêche n° 5. La boîte qui nous occupe n'est en effet que l'assemblage, par une partie commune dans laquelle se trouve le petit engrenage conique de la figure 21, des boîtes décrites au sujet de la dépêche n° 5. Seulement la forme et le mode de fermeture de la boîte de transmission de la dépêche n° 5 sont ici un peu modifiés pour pouvoir s'approprier à l'objet en vue. Ainsi la première de ces boîtes est oblongue et son couvercle peut s'enlever, tandis que celle dont il s'agit ici a une forme radicalement différente et présente un couvercle à charnière qui ne s'enlève pas. Le principe des dispositions intérieures de ces deux boîtes est le même; mais les détails diffèrent. Quant aux formes et aux dispositions intérieures de la boîte de réception du n° 89 et du tambour X de la figure 22, elles sont les mêmes.

Mode d'installation de la boîte à transmission et à réception simultanées près du manipulateur de l'appareil Hughes

46 — Dans la figure 22, la boîte que nous venons de décrire est placée trop à gauche de la roue des types et du rouleau imprimeur; nous n'avons donné cette disposition provisoire que pour rendre nos explications plus claires; car l'on devra au contraire dans la pratique, sinon annuler, du moins restreindre autant que possible l'intervalle séparant l'échancrure du tambour X du contact de la roue des types et du rouleau imprimeur.

La perspective de la figure 22 n'a également pour objet que de donner au lecteur l'idée du mode de fonctionnement de notre boîte. S'il nous était donné de pouvoir examiner, *une seule fois et à loisir*, l'appareil Hughes tel qu'il fonctionne aujourd'hui, il nous serait certainement plus facile de dire quel est le mode d'installation le plus avantageux pour que cette boîte atteigne le but que nous nous proposons. C'est donc sous toutes réserves que nous avançons ici qu'en raison de sa forme, de ses faibles dimensions et de son objet, on devra autant que possible :

1° L'installer en avant de l'électro-aimant de l'appareil, à gauche du guide en bronze de la bande Hughes, de façon que l'échancrure *e*, fig. 22, soit à hauteur du centre de la roue des types, afin de permettre la lecture facile, par l'employé expéditeur, des lettres écrites sur la bande passant sous cette échancrure.

2° Tâcher de concilier cette position de la boîte avec l'obligation que son échancrure réponde à peu près au centre du clavier de l'appareil.

3° Veiller à ce que la bande de l'appareil Hughes, sortant de dessous la roue des types avec les caractères imprimés de la dépêche expédiée, entre avec la plus extrême facilité dans l'échancrure inférieure du tambour X de la figure 22. Cette bande, au lieu d'être en provision considérable comme dans les appareils Morse et Hughes, serait, semblablement à ce qui a lieu pour celle de la boîte de réception de la dépêche n° 5, d'une longueur strictement suffisante et proportionnée à l'étendue de la dépêche. Elle serait par conséquent enroulée en provision sur une petite bague que l'on engagerait dans un piton analogue au piton P de la figure 18, (n° 93, 2e paragraphe). Ce piton serait placé à l'extrémité supérieure d'un petit montant vertical fixé sur la table de l'appareil un peu en avant et un peu à droite du clavier, et ayant une hauteur telle que la bande courrait horizontalement du piton à l'échancrure du tambour en passant entre la roue des types et le rouleau imprimeur. Il y aurait donc lieu, à chaque expédition de dépêche, d'établir le rouleau de bande sur le piton ; puis, après en avoir déroulé une longueur suffisante, à engager cette bande entre la roue des types et le rouleau imprimeur, et à mettre enfin la boîte en place comme il est dit ci-dessus. S'il est plus commode de le faire, on devra mettre en place la boîte avant le rouleau de bande.

L'expérience fera reconnaître si l'on doit recourir au petit rouleau de bande dont il vient d'être parlé, au lieu de s'en tenir au grand rouleau de bande en provision de l'appareil Hughes, auquel cas le piton destiné à supporter le petit rouleau de bande serait supprimé. Dans cette supposition, il faudra un moyen simple pour amorcer chaque fois promptement et d'une manière certaine le bout libre de la grande bande de l'appareil Hughes avec l'une des extrémités d'un bout de bande de quelques centimètres seulement, dont l'autre extrémité serait à l'avance amorcée sur la bobine du tambour. Une petite disposition serait prise pour que l'extrémité libre du bout de bande fût toujours en dehors de l'échancrure du tambour, afin de pouvoir être facilement saisie par l'employé pour être amorcée à la grande bande. Quant au mode d'amorçage, il y aurait lieu de l'étudier pratiquement au double point de vue de la rapidité et de la certitude du bon fonctionnement des bandes amorcées.

4° S'arranger de façon que la rotation de la bobine du tambour X, sur laquelle s'enroule la bande précédente, soit imprimée par un mouvement d'horlogerie du moindre volume possible et ayant la vitesse voulue, c'est-à-dire telle que la vitesse égale qu'elle transmet à la bande de la dépêche manuscrite permette à l'employé de lire avec la plus grande facilité les lettres de cette dépêche par l'échancrure *e* de la figure 22. Cette vitesse ne pourra évidemment être déterminée et rendue plus tard réglementaire qu'à la suite de quelques expériences contradictoires très simples.

Il sera peutêtre plus avantageux d'obtenir la rotation de la bobine du tambour, purement et simplement à l'aide d'une transmission de mouvement émanant de l'appareil Hughes lui-même.

5° Disposer une sorte de visière faisant corps avec la boîte. Cette petite visière, de forme rectangulaire, serait soudée perpendiculairement à la face verticale antérieure de la boîte et établie à hauteur du bord supérieur de l'échancrure du tambour qu'elle ne toucherait pas, et dont son extrémité la plus voisine serait distante de 2 millimètres. De cette façon l'ouverture et la fermeture de la boîte du tambour ne seraient en rien gênées par la présence de la visière.

Cette visière aurait les dimensions strictement suffisantes pour masquer d'une manière complète aux yeux du stationnaire la petite portion de bande Hughes comprise entre cet appareil et notre boîte, et par suite les lettres et les mots de la dépêche imprimée fournie par cette bande, à laquelle la visière serait parallèle et dont elle serait distante d'environ 2 ou 3 millimètres. On établirait en outre, en dessous et contre le bord antérieur de la visière avec laquelle il ferait corps et dont il aurait la longueur, un petit masque vertical d'un centimètre de hauteur. La largeur de la visière s'arrêterait à la partie antérieure de l'échancrure du tambour.

6° Enfin donner à notre boîte une installation telle qu'elle puisse être promptement et facilement mise en place, et en être promptement et facilement retirée.

Voilà, dira-t-on, bien des conditions à remplir. — Sans doute : mais la réalisation de chacune d'elles est facile, et les contradictions qu'elles pourraient peutêtre présenter sont plus apparentes que réelles. Au reste quelques tâtonnements, quelques expériences suivies donneront les moyens de faire disparaître des difficultés de détail inhérentes à tout système nouveau, et conduiront à modifier au besoin nos conditions d'installation de telle sorte qu'elles soient non seulement praticables, mais que, tout en les appropriant aux derniers perfectionnements de l'appareil Hughes, elles remplissent complètement l'objet que nous avons en vue.

Bande propre à recevoir la dépêche manuscrite

47 — La bande, sur laquelle l'expéditeur écrit sa dépêche, est analogue à celle de la boîte de transmission de la dépêche n° 5 et disposée de la même manière dans la boîte où elle doit prendre place ; mais elle devra être confectionnée avec du papier-toile, et ne sera pas argentée.

A 7 millimètres $^1/_2$ de chacun de ses bords, elle porte tracées à l'avance sur le recto, c'est-à-dire du côté du papier, deux lignes espacées entre elles de 5 millimètres. Cette zône de 5 millimètres est partagée sur toute sa longueur en petits quadrillages de 5 millimètres de côté, destinés chacun à recevoir une lettre de la dépêche. Cherchons, dans cette supposition, quelle longueur de bande conviendra à une dépêche d'un nombre donné de mots.

A cet effet remarquons que 20 mots, à raison de 5 lettres par mot et de 5 millimètres par lettre, exigent une longueur de bande marquée par $5 \times 5 \times 20$ millimètres, soit 50 centimètres. Si l'on y ajoute un centimètre d'intervalle entre chaque mot, et environ 11 centimètres perdus tant pour l'amorçage des extrémités de la bande que pour la facilité de son installation dans la boîte, on trouve qu'il faut :

Pour une une dépêche de 20 mots 0m 80 de bande;

30	—	1	15 ;
40	—	1	50 ;
50	—	1	85 ;
60	—	2	20 ;
70	—	2	55 ;
80	—	2	90 ;
90	—	3	25 ;
100	—	3	60,

c'est-à-dire 35 centimètres d'augmentation de bande pour chaque dizaine ou fraction de dizaine de mots en sus.

Toutes les boîtes délivrées au Public par les marchands de tabac (14) auront les mêmes dimensions ; mais elles porteront des numéros faciles à distinguer au premier coup d'œil et correspondant aux étendues de bande qu'elles renferment. Il en résulte, toutes ces boîtes coûtant le même prix, que la dépense de l'expéditeur s'augmentera chaque fois du prix de la dépêche contenant le nombre de mots (tableau C, n° 24) qui répond à l'étendue de la bande renfermée, c'est-à-dire au n° de la boîte. Le même soin devra en conséquence présider de la part de l'Administration à la classification exacte de ces boîtes aussi bien qu'à leur bonne confection.

BANDE DE PAPIER GOMMÉ

48 — La bande de papier gommé propre au service de la dépêche n° 2 n'est autre que celle dont il est parlé au n° 101.

II

DISPOSITIONS A PRENDRE PAR L'EXPÉDITEUR POUR LA PRÉPARATION DE SA DÉPÊCHE

49 — La personne qui désire expédier une dépêche n° 2 s'approvisionne d'une boîte d'un numéro répondant au nombre de mots dont la dépêche doit se composer ; elle se fait remettre ensuite une bande de papier gommé, et se rend à son domicile ou à la salle d'attente du bureau télégraphique pour écrire sa dépêche.

Pour procéder à cette opération, l'expéditeur s'y prend comme au n° 104, à cette différence près qu'il se sert d'une plume ordinaire et qu'après avoir disposé sa bande comme il est dit à ce numéro, il en remplit successivement 30 à 40 centimètres chaque fois en allant de gauche à droite et en faisant figurer très lisiblement chaque lettre de la dépêche dans le quadrillage où elle doit prendre place. Il prend les mêmes précautions et se conforme aux mêmes règles qu'au n° 103, sauf en ce qui concerne d'une part les dimensions des lettres qui sont ici un peu plus fortes et ne sauraient être trop lisiblement tracées, et de l'autre l'adresse du destinataire qui doit être écrite, non sur la bande (attendu que la visière du tambour X de la figure 22 ne permettrait pas au stationnaire du bureau d'arrivée d'en prendre connaissance), mais sur le verso du permis d'expédier.

L'expéditeur, quand sa dépêche est bien sèche, l'introduit dans sa boîte (105), ferme la boîte, colle avec soin sur la fermeture du couvercle, de chaque côté de l'échancrure, une moitié de la bande de papier gommé, et se rend au bureau d'expédition.

L'agent de ce bureau remet à l'expéditeur un permis d'expédier en blanc, sur le verso duquel ce dernier écrit lisiblement le nom et l'adresse du destinataire. L'expéditeur rend à son tour le permis à l'agent du bureau; celui-ci remplit les formalités prescrites pour la dépêche n° 1 (35), et remet définitivement le permis à l'expéditeur, qui se dirige alors vers le guichet de la salle des appareils, muni de son permis d'expédier et de sa boîte.

50 — Si la dépêche est une dépêche *réponse payée*, la marche à suivre est exactement la même que pour la dépêche n° 1, sauf que c'est sur le verso du permis d'expédier, près de l'adresse du destinataire, que l'expéditeur inscrit le nombre de mots ou la longueur de bande que doit comporter la réponse qu'il attend.

III

DISPOSITIONS A PRENDRE AUX STATIONS DE DÉPART ET D'ARRIVÉE. — TRANSMISSION ET RÉCEPTION

Devoirs du stationnaire expéditeur

51 — L'expéditeur remet au stationnaire son permis d'expédier et sa boîte à dépêche. L'employé s'assure de la régularité du permis et appelle la station d'arrivée.

Cette station ayant répondu, l'employé de la station de départ transmet immédiatement l'adresse avec son appareil Hughes; puis, *sans attendre aucun accusé de réception*, il jette le permis dans la boîte dont il a été parlé au n° 37, et met la boîte à depêche en place (46).

Dès que la station d'arrivée a fait connaître, par un signal spécial, que l'adresse lui est parvenue, le stationnaire du bureau de départ déclanche aussitôt le moteur, — mouvement d'horlogerie ou autre (46), qui doit faire fonctionner la boîte — et il transmet la dépêche avec son appareil Hughes, au fur et à mesure que les lettres lui en apparaissent par l'échancrure de la boîte.

Les lettres de la dépêche ne paraissant plus (ce qu'une coloration particulière donnée à l'extrémité de la bande, par exemple, fait connaître au stationnaire expéditeur), cet employé arrête le mouvement des bobines, enlève la boîte à dépêche et la remet à l'expéditeur.

Les détails donnés aux nos 45 et 46 sur le mode de fonctionnement et le mode d'installation de notre boîte rendent superflue toute autre explication.

Nous avons parlé (10) d'une disposition particulière à prendre lors de la transmission de la dépêche n° 2, consistant en ce que l'employé expéditeur devra autant que possible être installé dans un petit local séparé, où il opérera hors de la présence des autres employés. Cette disposition s'explique : elle a pour objet d'empêcher que deux employés infidèles s'entendent pour violer impunément le secret de la dépêche, l'un en nommant à haute voix chaque lettre qu'il voit apparaître sur la bande manuscrite de notre boîte, et l'autre en écrivant sur un papier ces lettres au fur et à mesure qu'il les entend nommer, afin d'avoir ensuite la reproduction complète de la dépêche.

Devoirs du stationnaire destinataire et du piéton de service

52 — Le stationnaire du bureau d'arrivée, ayant entendu la sonnerie du bureau de départ et sachant par la nature de cette sonnerie qu'une dépêche n° 2 va lui être transmise, répond à l'appel qui lui est fait, et se tient prêt à recevoir l'adresse de la dépêche avec son appareil Hughes.

Dès que l'adresse lui est parvenue, il coupe, sans faire d'accusé de réception, le bout de la bande qui l'a fournie, met immédiatement sa boîte en place, fait à la station de départ le signal d'expédier la dépêche, et se tient prêt à la recevoir. N'oublions pas que le stationnaire a dû se conformer aux prescriptions qui le concernent, détaillées au n° 46.

La transmission de la dépêche étant terminée, ce que le synchronisme parfait des appareils Hughes de départ et d'arrivée fera toujours connaître à défaut du synchronisme impossible des bobines des boîtes, le stationnaire enlève la boîte et la remet avec la bande de l'adresse au piéton de service.

Cet agent lit l'adresse, ouvre le compartiment CDEF, fig. 20, dont la fermeture n'est pas scellée (53), y introduit la bande de l'adresse, et porte le tout au destinataire. Celui-ci déchire la bande qui entoure le tambour X, ouvre ce petit tambour, retire la dépêche de la bobine, et rend seulement la bobine et la boîte au piéton.

En cas d'absence du destinataire, le piéton agit comme il est prescrit à la fin du n° 39.

IV

DISPOSITIONS NÉCESSAIRES POUR ASSURER LE SERVICE. CONTRÔLE ET PERCEPTION

Mode de renouvellement des boîtes de réception des salles d'appareils

53 — L'approvisionnement des bureaux de tabac en boîtes à transmission et à réception simultanées est toujours facile : nous n'en parlerons donc pas. Nous dirons seulement quelques mots au sujet des dispositions à prendre pour assurer cet approvisionnement d'une manière régulière pour les stations d'arrivée, afin de n'apporter aucune entrave au service.

Ces dispositions sont les mêmes que celles qui ont été expliquées pour la dépêche nº 1 (40), à cette différence près que les piétons, au lieu d'être responsables d'un registre à disques, le sont d'un registre à bandes gommées, et que la circonférence de fermeture du tambour X remplace le trou du bouton masqué par le disque (31). Les bandes gommées dont il s'agit ne sont autres que celles décrites au nº 101, et c'est sur ces bandes que le directeur du bureau télégraphique appose aux heures et dans les conditions spécifiées au nº 40 le cachet de l'Administration.

Aucune disposition n'est prise au sujet du compartiment CDEF de la figure 20, dont les bobines sont enlevées et dont la fermeture n'est pas scellée.

L'Administration n'a donc qu'à s'occuper de remettre en état, suivant celui des deux modes qui aura été adopté (46), la petite bande en rouleau du tambour X ou le bout de bande sortant de l'échancrure de ce tambour.

Contrôle et perception

54 — Le contrôle des dépêches expédiées ou reçues, ainsi que la perception des taxes télégraphiques, sont conformes au contrôle et à la perception relatifs à la dépêche n° 1 (41).

V

OBSERVATIONS RELATIVES AU MODE DE TRANSMISSION PRÉCÉDENT. — DÉPÊCHES NON SECRÈTES

55 — Si la dépêche n° 1 présente sur la dépêche n° 2 l'avantage d'une commodité plus grande pour l'expéditeur dans la préparation de sa dépêche, la dépêche n° 2 en revanche coûte beaucoup moins cher (24), tableau C.

La dépêche n° 2 présente l'inconvénient d'obliger l'expéditeur à dérouler une bande sur une table ou sur une surface plane quelconque, à l'y assujettir pour écrire une à une, dans le quadrillage qui lui est destiné, chaque lettre de la dépêche; et, une fois la dépêche écrite et bien sèche, à enrouler avec soin la bande sur une bague, à mettre en place dans leur boîte cette bague et la bobine qui l'accompagne, enfin à fermer la boîte et à apposer sur la fermeture une bande de papier gommé. Mais tous ces ennuis ne disparaissent-ils pas devant la modicité du prix de la dépêche, l'avantage précieux d'avoir la reproduction identique de la dépêche remise au destinataire, et surtout devant ce résultat si désirable, comme pour la dépêche n° 1, de pouvoir réaliser la véritable lettre électrique, puisque, en effet, le secret du message transmis échappe complètement aux employés des stations de départ et d'arrivée ?

Ici plus de chiffres, plus de clefs de dépêches, et l'inappréciable bienfait d'une correspondance électrique secrète immédiate, présentant il est vrai quelque ennui à l'expéditeur, mais d'une lecture plus commode pour le destinataire que celle de toutes les lettres possibles, puisque c'est celle d'un texte imprimé.

Quant à l'Administration, dont les rapports avec le Public sont en quelque sorte annulés, elle voit son service considérablement accéléré par la suppression des mille lenteurs inhérentes à l'état actuel des choses.

56 — Pour la dépêche n° 2, comme pour celles qui vont suivre, nous n'admettons pas de collationnement. N'oublions pas le vieil adage anglais : « *Time is money* »; sachons nous débarrasser de toute entrave et sortir enfin de la routine.

L'opération du collationnement est, en effet, l'une des causes du temps perdu et du petit nombre de dépêches transmises par le service actuel. Dans celui que nous proposons, nous n'en voulons pas. Admettons que quelques erreurs de transmission soient commises : l'intelligence de la dépêche n'en sera pas moins facile. La fixation de la vitesse de déroulement de la bande qui passe sous l'échancrure *e* de la figure 22 devant être basée sur des expériences, pourra, en effet, toujours être choisie telle que la lecture de chaque lettre de la dépêche soit facilement et promptement faite par l'employé expéditeur. Il est alors évident qu'il n'y aura pas plus d'erreurs dans la transmission de la dépêche qu'il n'y en aura dans la lecture des lettres de la bande manuscrite; le collationnement est donc complètement inutile.

La responsabilité morale de l'Administration n'est évidemment point engagée dans cette question, et tant pis pour l'expéditeur s'il lui convient de risquer de laisser transmettre quelques erreurs, toujours très rares et que nous ne voulons même pas admettre, pour prix des avantages présentés par la dépêche qui nous occupe.

Si l'expéditeur tient absolument au collationnement de sa dépêche, il devra abandonner la dépêche n° 2 qui ne permet pas ce genre d'opération, et recourir seulement aux dépêches n°s 4 et 5; mais, dans ce cas, nous proposerions qu'il subît une taxe double en vertu de l'article 2 de la loi du 13 Juin, en raison du temps qu'il fait perdre à l'Administration.

Dépêches non secrètes

57 — La transmission des dépêches non secrètes ne donne lieu à aucune observation. Cette transmission a lieu avec l'appareil

Hughes ordinaire, la boîte qui sert pour les dépêches secrètes devenant inutile.

Quant aux formalités à remplir par l'expéditeur, elles sont modifiées ainsi qu'il suit.

L'expéditeur se sert du papier quadrillé décrit au n° 81, pour écrire sa dépêche ; il l'écrit en se conformant aux prescriptions du n° 103, mais seulement en ce qui concerne la place de l'adresse, le soin à apporter dans l'écriture de chaque lettre, et les quadrillages vides à ménager.

IIIe PARTIE

DÉPÊCHES SECRÈTES PAR INVERSION

DÉPÊCHE No 3

TRANSMISE PAR L'APPAREIL HUGHES MODIFIÉ

I

DESCRIPTION DU MATÉRIEL SUPPLÉMENTAIRE SPÉCIAL AU SERVICE DE LA DÉPÊCHE

58 — On a vu (nos 13 et 16) que le matériel supplémentaire spécial au service de la dépêche n° 3 comprend :

Pour la préparation de la dépêche, une feuille de papier quadrillé ;

Pour la transmission et pour la réception, une boîte à transmission et à réception simultanées, et une bande papier gommé.

59 — Le papier quadrillé propre à la préparation de la dépêche par l'expéditeur est le même que celui de la dépêche no 5 (81).

60 — La boîte à transmission et à réception simultanées propre à la réception est la même que celle de la dépêche no 2 (45).

61 — Enfin la bande de papier gommé, nécessaire à l'Administration pour la préparation de la boîte de réception précédente, n'est autre que celle décrite au no 101.

II

EXEMPLES DE DÉPÊCHES PAR INVERSION. — RÈGLES A SUIVRE POUR LEUR PRÉPARATION ET LEUR LECTURE

62 — Nous avons dit dans notre Avertissement que la dépêche par inversion est une dépêche présentant une inversion particulière de ses mots, et au besoin des lettres d'un petit nombre de ses mots, qui en sauvegarde le secret vis à vis des employés des bureaux télégraphiques. Nous avons également fait connaître (10) que, lors de la transmission des dépêches par inversion ou dépêches n° 3, on permet, à tour de rôle seulement, l'entrée de chaque expéditeur dans la salle des appareils de façon à lui donner accès, sans gêne pour les employés et sans entrave pour le service, le plus près possible du stationnaire chargé de la transmission.

Ces dispositions concernent la station de départ. A la station d'arrivée, où l'on reçoit la dépêche avec la même boîte que pour la dépêche n° 2 (60), il n'y a lieu de prendre aucune précaution particulière, puisque nos boîtes de réception sont toutes à secret.

Les dispositions prises à la station de départ étant motivées par l'inversion des mots de la dépêche, il nous faut entrer dans quelques explications en les appuyant sur des exemples.

63 — Supposons qu'une personne se présente au guichet de la salle des appareils avec un permis d'expédier spécial l'autorisant à faire transmettre une dépêche par inversion, et que, le stationnaire chargé de la transmission s'étant assuré de la régularité de ce permis et ayant appelé la station d'arrivée, cette dernière station ait répondu et donné à la station de départ l'ordre de transmettre. Supposons de plus qu'aussitôt cet ordre parvenu au bureau

de départ, le stationnaire ait introduit l'expéditeur dans la salle des appareils dans les conditions spécifiées ci-dessus, et que ce dernier remette *seulement alors* au stationnaire un papier quadrillé dans les quadrillages duquel se trouve lisiblement écrit le texte inversé suivant :

Je la avez du expédier et si arrivée. votre y du que Bahama en souffrant charge qu'aussitôt faire et bien plus les il dans vous caisse prié Bahama de que impatiemment, C'est beau-frère, a paquebot le la ce et de qu'il il que lui tôt 2000 vous sa informe que le de la vous est à débarqué trois la capitaine remise. moment alité, vous pourra vous vous expédier possible francs à dernière que vous capitaine vous Havane, attendez enfin Edouard, il jours Louisiane, du Edouard, très me dire le écrira, veuilliez le ici dont parlé lettre ef mb Ibxbof.

Quelque simple que soit le mode d'inversion choisi pour la composition de la dépêche ci-dessus, et quelque simple que soit par suite la marche à suivre par le destinataire pour déchiffrer cette dépêche, il est évident que le stationnaire du bureau de départ, devant la transmettre *immédiatement sous les yeux mêmes de l'expéditeur*, ne pourra jamais opérer ce déchiffrement.

64 — Pour inverser le texte d'une dépêche :

L'expéditeur écrit le texte naturel en lignes de 4 mots seulement sur une feuille de papier ordinaire, en disposant ces lignes les unes sous les autres, et les mots dont elles se composent autant que possible suivant une colonne verticale; la dernière ligne peut avoir moins de 4 mots.

Il prend ensuite le papier quadrillé, y écrit l'adresse du destinataire sans faire d'inversion ; fait après cette adresse, sur le papier quadrillé, un signe convenu une fois pour toutes et qui sera pour le stationnaire expéditeur l'indication que le texte de la dépêche va commencer. Il écrit à la suite de ce signe, suivant l'ordre qu'ils présentent sur le papier ordinaire, les mots de la première colonne verticale, fait suivre le dernier mot de cette colonne des mots de la deuxième, et ainsi de suite jusqu'à ce qu'il ait épuisé tous les mots du texte. Il fait suivre le texte ainsi inversé des mots ne formant pas un multiple de 4 de la dernière ligne du papier ordinaire; fait sur le papier quadrillé un signe analogue à celui qui sépare l'adresse du texte inversé, et enfin écrit la signature.

Pour fixer les idées, supposons que les 25 lettres de l'alphabet représentent les mots d'une dépêche. En ne tenant compte ni de l'adresse ni de la signature, cette dépêche devra être écrite ainsi sur le papier ordinaire :

a	*b*	*c*	*d*
e	*f*	*g*	*h*
i	*j*	*k*	*l*
m	*n*	*o*	*p*
q	*r*	*s*	*t*
u	*v*	*x*	*y*
z.			

Et elle deviendra définitivement sur le papier quadrillé :

a e i m q u b f j n r v c g k o s x d h l p t y z.

L'expéditeur ne devra pas terminer le texte inversé de la dépêche en écrivant suivant leur orthographe usuelle les mots ne formant pas un multiple de 4, mais bien en substituant à chacune des lettres de ces mots la lettre de l'alphabet qui la suit. Il en résultera pour le destinataire l'opération d'un petit déchiffrement qui ne présentera aucune difficulté, tandis que ce changement de lettres en présentera une de plus, au contraire, au stationnaire chargé de la transmission.

Si la dépêche à inverser est courte, on devra inverser en outre les lettres de tous les substantifs de la fin au commencement, c'est-à-dire écrire la dernière lettre de chaque substantif la première, l'avant-dernière la seconde, et ainsi de suite.

Enfin la ponctuation et les lettres majuscules devront toujours être conservées, attendu qu'elles contribuent à la fois à dénaturer encore plus le sens de la dépêche pour le stationnaire et à en rendre le déchiffrement plus facile pour le destinataire.

Soit pour exemple la dépêche suivante, dans laquelle nous ferons figurer une adresse et une signature :

Je vous informe que la caisse que vous avez prié le capitaine du Bahama de vous expédier de la Havane, et que vous attendez si impatiemment, est enfin arrivée.

Cétte dépêche devra être *immédiatement* écrite sur le papier ordinaire, non comme ci-dessus, mais bien ainsi qu'il suit :

Je vous informe que
la caisse que vous
avez prié le capitaine
du Bahama de vous
expédier de la Havane,
et que vous attendez
si impatiemment, est enfin
arrivée.

Et sur le papier quadrillé :

Durand, 25, place Impériale, Marseille. ═══ *Je la avez du expédier et si vous essiac prié amahaB de que impatiemment, informe que le de la vous est que vous eniatipac vous enavaH, attendez enfin bssjxff.* ═══ *Martin.*

65 — Pour déchiffrer le texte inversé d'une dépêche :

Le destinataire, ne se préoccupant ni de l'adresse ni de la signature, compte immédiatement avec soin les mots de la dépêche et en retranche le ou les mots ne formant pas un multiple de 4, par lesquels elle se termine ; il prend le quart du nombre des mots restants, et sépare les uns des autres par un trait bien accentué les quatre quarts du texte inversé.

Il lit ensuite sa dépêche en mettant successivement à la suite les uns des autres et dans l'ordre du texte, les premiers mots, puis les seconds mots, puis les troisièmes mots, et ainsi de suite, de chaque quart de la dépêche. Enfin il fait suivre le texte naturel ainsi obtenu du ou des mots ne faisant pas multiple de 4.

Si le texte inversé était trop long ou que le destinataire craignît de se tromper, il écrirait sur un papier, au lieu de les lire, les mots de la dépêche en se conformant à la règle ci-dessus et en biffant, afin d'éviter les erreurs, chaque mot lu du texte inver. ou bien il se conformerait au moyen indiqué au n° 73.

Prenons pour exemple de déchiffrement la dépêche par inversion du n° 63. En nous conformant à la règle que nous venons de donner, nous voyons que cette dépêche se compose de 99 mots;

nous en laisserons de côté les trois derniers, et la dépêche à déchiffrer, étant partagée en 4 quarts de 24 mots, deviendra :

Je la avez du expédier et si arrivée. votre y du que Bahama en souffrant charge qu'aussitôt faire et bien plus les il dans vous caisse prié Bahama de que impatiemment, C'est beau-frère, a paquebot le la ce et de qu'il il que lui tôt 2000 vous sa informe que le de la vous est à débarqué trois la capitaine remise. moment alité, vous pourra vous vous expédier possible francs a dernière que vous capitaine vous Havane, attendez enfin Edouard, il jours Louisiane, du Edouard, très me dire le écrira, veuilliez le ici dont parlé lettre

Or ce dernier texte donne immédiatement lieu, en le faisant suivre de la traduction des trois derniers mots *ef mb Ibxbof* qui terminent la dépêche par inversion du n° 63, à la dépêche suivante :

Je vous informe que la caisse que vous avez prié le capitaine du Bahama de vous expédier de la Havane, et que vous attendez si impatiemment, est enfin arrivée. C'est à Edouard, votre beau-frère débarqué il y a trois jours du paquebot la Louisiane, que le capitaine du Bahama l'a remise.

Edouard, en ce moment très souffrant et alité, me charge de vous dire qu'aussitôt qu'il pourra le faire il vous écrira, et que vous veuilliez bien lui expédier le plus tôt possible ici les 2000 francs dont il vous a parlé dans sa dernière lettre de la Havane.

III

DISPOSITIONS A PRENDRE PAR L'EXPÉDITEUR POUR LA PRÉPARATION DE SA DÉPÊCHE

66 — Les dispositions à prendre par l'expéditeur pour la préparation d'une dépêche nº 3 consistent dans l'achat d'une feuille de papier quadrillé (nºs 81 et 14), l'inversion de la dépêche et la transcription sur ce papier (nºs 64 et 103), et dans l'accomplissement des formalités prescrites au nº 35, sauf que le permis d'expédier doit être établi sur un papier spécial.

La transcription de la dépêche sur le papier quadrillé commence par l'adresse du destinataire ; le texte inversé vient ensuite, puis la signature de l'expéditeur. Il va sans dire que cette adresse et cette signature s'écrivent suivant l'orthographe usuelle et sans aucune inversion de mots ni de lettres.

67 — Si la dépêche est une dépêche *réponse payée*, on se conforme aux prescriptions du nº 50.

IV

DISPOSITIONS A PRENDRE AUX STATIONS DE DÉPART ET D'ARRIVÉE. — TRANSMISSION ET RÉCEPTION

Devoirs du stationnaire expéditeur

68 — Se conformer à ce qui est prescrit pour la dépêche nº 2, (51), sauf que la boîte à dépêche est remplacée ici par le papier

quadrillé, et que la transmission du texte inversé de la dépêche se fait avec l'appareil Hughes comme pour une dépêche ordinaire non secrète.

Devoirs du stationnaire destinataire et du piéton de service

69 — Se conformer à ce qui est prescrit pour la dépêche n° 2, (52).

V

DISPOSITIONS NÉCESSAIRES POUR ASSURER LE SERVICE. CONTRÔLE ET PERCEPTION

Mode de renouvellement des boîtes de réception des salles d'appareils

70 — Se conformer à ce qui est prescrit pour la dépêche n° 2, (53).

Contrôle et perception

71 — Se conformer à ce qui est prescrit pour la dépêche n° 2, (54).

VI

OBSERVATIONS RELATIVES AU MODE DE TRANSMISSION PRÉCÉDENT. — DÉPÊCHES NON SECRÈTES

72 — Le mode de transmission précédent ne présente pas, comme pour la dépêche n° 2, l'avantage de fournir à l'expéditeur la reprodution identique du texte imprimé parvenu au destinatai-

re, ni à ce dernier celui de pouvoir lire immédiatement la dépêche imprimée sur la bande de la boîte de réception qui lui est remise par le piéton; mais la dépêche n° 3 évite le double ennui d'écrire sur une bande le texte à expédier, et de disposer cette bande dans la boîte du n° 45, (49); la préparation de la dépêche par l'expéditeur est en outre des plus simples, et l'interprétation du texte inversé en est impossible pour l'employé du bureau de départ.

73 — Le déchiffrement du texte inversé ne présente aucune difficulté au destinataire; mais, si la dépêche est un peu longue, celui-ci fera bien, pour rendre ce déchiffrement plus rapide, de séparer les quatre quarts de la bande de réception, et de les placer les uns sous les autres sur une table, dans l'ordre voulu. Les quatre morceaux de bande étant alors convenablement assujettis, la lecture de la dépêche peut être immédiatement faite.

Dépêches non secrètes

74 — Se conformer à ce qui est prescrit pour la dépêche n° 2, (57).

IVe PARTIE

DÉPÊCHES SECRÈTES CHIFFRÉES AVEC CLEF INCONNUE DU DESTINATAIRE

DÉPÊCHE N° 4

TRANSMISE PAR L'APPAREIL HUGHES COMBINÉ

I

DESCRIPTION DU MATÉRIEL SUPPLÉMENTAIRE NÉCESSAIRE AU SERVICE DE LA DÉPÊCHE

75 — Nous avons dit, page XIV de notre Avertissement, à l'occasion du sens que l'on doit attacher aux mots *appareil combiné*, que le texte de nos dépêches chiffrées est transmis par l'appareil Hughes ou par l'appareil Morse, tandis que la clef de ces dépêches l'est exclusivement par un appareil nouveau que nous combinons avec l'un de ces deux premiers appareils.

Le service de la dépêche n° 4 ne différant de celui de la dépêche n° 5 qu'en ce que l'appareil Hughes y remplace l'appareil Morse, nous nous baserons sur les raisons données au 2e paragraphe du n° 80 pour renvoyer presque constamment le lecteur, pour tous les détails relatifs au matériel auxiliaire nécessaire au service de la dépêche n° 4 aussi bien que pour le mode de fonctionnement de ce matériel et les différentes branches de ce service, à ce qui est dit pour la dépêche n° 5, où chaque élément de la question est traité avec tous les développements nécessaires.

Ainsi le matériel supplémentaire nécessaire au service de la dépêche n° 4, étant le même que celui de la dépêche n° 5, comprendra :

1° La feuille de papier quadrillé décrite aux nos 81 et 82;

2° La boîte de transmission décrite aux nos 84, 85, 86, 87 et 88;

3° La boîte de réception décrite aux nos 89 et 90;

4° Le transmetteur-récepteur décrit aux nos 91, 92, 93, 94, 95, 96, 97, 98, 99, 100 et 102;

5° Enfin la bande de papier gommé décrite au n° 101.

II

DISPOSITIONS A PRENDRE PAR L'EXÉDITEUR POUR LA PRÉPARATION DE SA DÉPÊCHE

76 — Se conformer à ce qui est dit aux nos 103, 104, 105, 106 et 107.

III

DISPOSITIONS A PRENDRE AUX STATIONS DE DÉPART ET D'ARRIVÉE. — TRANSMISSION ET RÉCEPTION

77 — Se conformer à ce qui est dit au no 108. L'appareil Hughes remplace ici l'appareil Morse, et les commutateurs C et C' remplissent aux deux stations le même objet qu'auprès des appareils Morse de la dépêche no 5.

Toutefois notre connaissance très imparfaite du mode d'installation de l'appareil Hughes ne nous permet pas de dire sur quels points devront être établis ces commutateurs, pour pouvoir être commodément manœuvrés par les stationnaires S et S'. La même raison nous empêche de dire quels soins exigera l'installation du transmetteur-récepteur près de cet appareil, et s'il sera possible de le remplacer au besoin par la boîte à transmission et à réception simultanées qui sert pour les dépêches nos 2 et 3. Dans le cas de l'affirmative, deux stations reliées par un fil direct et possédant chacune un appareil Hughes pourront à volonté transmettre les dépêches nos 2 et 3 ou la dépêche no 4. Dans le cas contraire ces stations ne pourront échanger que des dépêches no 4.

IV

DISPOSITIONS NÉCESSAIRES POUR ASSURER LE SERVICE. CONTRÔLE ET PERCEPTION

78 — Se conformer au n° 111.

V

OBSERVATIONS SUR LE MODE DE TRANSMISSION PRÉCÉDENT. DÉPÊCHES NON SECRÈTES

79 — La supériorité du télégraphe Hughes sur tous les autres télégraphes aujourd'hui en usage ne permet pas de douter un instant de tous les avantages qu'offre l'emploi de la dépêche n° 4, si, comme nous l'espérons, l'installation de notre transmetteur-récepteur près du clavier de l'appareil américain ne présente pas de difficultés sérieuses. Cette dépêche en effet permet à toute personne de correspondre inopinément en chiffres avec une autre personne inconnue d'elle, et les dictionnaires chiffrés et les cryptographes deviennent sans objet. Ce n'est pas tout : le collationnement n'ayant plus lieu d'une part, et de l'autre les stationnaires des bureaux télégraphiques étant désormais déchargés de toute espèce de besogne étrangère à la transmission et à la réception proprement dites, le nombre des transmissions sera évidemment plus que doublé.

L'expéditeur ne peut exiger le collationnement pour la dépêche n° 3; se reporter au dernier paragraphe du n° 56.

Les dépêches non secrètes, n'étant pas chiffrées, rentrent dans la catégorie des dépêches ordinaires, et il n'y a pas lieu de s'en occuper.

DÉPÊCHE N° 5

TRANSMISE PAR L'APPAREIL MORSE COMBINÉ

I

DESCRIPTION DU MATÉRIEL SUPPLÉMENTAIRE NÉCESSAIRE AU SERVICE DE LA DÉPÊCHE

80 — Le matériel nécessaire à adjoindre à l'appareil Morse pour assurer le service de la dépêche n° 5 comprend : une feuille de papier quadrillé, un transmetteur-récepteur comprenant à son tour une boîte de transmission et une boîte de réception ; et enfin une bande de papier gommé.

Nous allons décrire minutieusement chacun de ces objets nouveaux, attendu que leur connaissance est indispensable à l'intelligence complète des moyens donnés précédemment pour la transmission et la réception des dépêches nos 2, 3 et 4, en raison de la corrélation intime qui existe entre le matériel propre au service de ces dépêches et celui de la dépêche dont nous allons nous occuper. L'appareil Morse étant, que l'on nous pardonne cette expression, le doyen des appareils en usage, et en outre le plus universellement employé de tous, il était naturel de rallier en quelque sorte autour de lui les descriptions dans lesquelles nous allons entrer, au lieu de le faire pour l'appareil Hughes qui lui est cependant infiniment supérieur, mais que son emploi récent et son prix élevé ont empêché de se généraliser encore.

PAPIER QUADRILLÉ

81 — Le papier quadrillé, qui doit porter l'estampille de l'Administration et être confectionné avec toutes les précautions propres à déjouer les contrefaçons, est un fort papier ou léger carton rectangulaire dont les marges ont 10 millimètres de largeur, et sur lequel sont successivement tracées des zones blanches et noires parallèles au bord du papier, dont elles ont conséquemment la largeur. Les zones blanches ont 7 millimètres de hauteur, et les zones noires ou zones de séparation en ont 2.

Les zones blanches sont partagées en quadrillages de 7 millimètres de large, dans chacun desquels l'expéditeur écrit très lisiblement une lettre ou un chiffre de sa dépêche.

Pour fixer définitivement les dimensions de notre papier, remarquons que la moyenne des lettres d'un mot étant approximativement 5 suivant l'orthographe usuelle, et la largeur de nos quadrillages de 7 millimètres, ce mot occupera 35 millimètres de longueur de zone; 5 mots par conséquent en occuperont 175. Mais ces 5 mots doivent être séparés par 4 quadrillages, puisqu'ils donnent lieu à 4 intervalles; ils occuperont donc en réalité 175 + 28 ou 203 millimètres, c'est-à-dire très approximativement 20 centimètres. Il en résulte donc que, si nous donnons cette largeur à notre papier, il faudra :

Pour écrire une dépêche	de 20 mots. . .	4 zones;
—	de 30.	6 —
—	de 40.	8 —
—	de 50.	10 —

Et ainsi de suite.

Pour ce qui concerne la hauteur à donner à la feuille de papier quadrillé, observons que les 4 zones blanches nécessaires pour écrire la dépêche de 20 mots présentent une hauteur de 28 millimètres ; si l'on y ajoute les 8 millimètres de hauteur fournis par les 4 zones noires qui les séparent, on trouve en tout 36 millimètres; c'est-à-dire que, si l'on ne tient pas compte des marges du papier, la hauteur du fragment de feuille qui devra être remis à l'expéditeur pour écrire sa dépêche sera, savoir :

Pour une dépêche	de 20	mots	(4 zones)	de 36	millimètres;
	de 30	—	6 —	54	—
	de 40	—	8 —	72	—
	de 50	—	10 —	90	—

Et ainsi de suite.

Une dépêche de 100 mots écrite suivant l'orthographe usuelle pourra donc prendre place sur le recto d'une feuille de papier quadrillé ayant 180 millimètres de hauteur. Si à cette hauteur nous ajoutons les 10 millimètres fournis par chacune des marges supérieure et inférieure, on voit que notre papier présentera, pour la dépêche de 100 mots, la forme d'un carré de 20 centimètres de côté. C'est à cette forme et à ces dimensions que nous nous arrêterons définitivement. Il s'en suit donc que, si le verso est disposé comme le recto, une feuille de papier quadrillé pourra recevoir une dépêche de 200 mots.

Les séries de zones du papier devront pouvoir être facilement détachées à l'aide de ciseaux par les agents des bureaux de tabac, qui en fourniront à l'expéditeur le nombre réclamé par lui pour pouvoir écrire sa dépêche. Il ne pourra pas être fourni moins de 4 zones, et à partir de ce nombre les quantités délivrées ne pourront l'être qu'intégralement et en nombre pair. Ces zones seront payées conformément aux tarifs spécifiés au tableau C (24), c'est-à-dire 1 franc pour la dépêche simple de 20 mots ou pour 4 zones, 1 fr. 50 pour la dépêche de 30 mots ou pour 6 zones, et ainsi de suite.

Le quadrillage du papier devra être exécuté d'une manière très nette, afin que le stationnaire discerne toujours sans la moindre hésitation les lettres à transmettre.

Pour faire usage du papier quadrillé, on se conformera aux règles dont il est parlé à l'occasion des dispositions à prendre par l'expéditeur pour préparer sa dépêche (103).

82 — Si l'expéditeur fait usage de l'orthographe sténographique (26), les quantités de zones spécifiées ci-dessus lui permettront d'expédier pour le même prix, savoir :

Sur 4 zones une dépêche d'au moins 30 mots au lieu d'une dépêche de 20 mots ;

Sur 6 zones une dépêche d'au moins 45 mots au lieu d'une dépêche de 30 mots ;

Et ainsi de suite.

C'est ce qui ressort évidemment du deuxième paragraphe de la page 25, et ce dont il est facile au reste de s'assurer *à priori.*

Enfin s'il convient à l'expéditeur de ne pas laisser de quadrillages vides sur son papier, entre les mots de sa dépêche sténographique, il pourra écrire :

Sur 4 zones près de 40 mots au lieu de 20 mots;
Sur 6 zones près de 60 mots au lieu de 30 mots;
Et ainsi de suite.

TRANSMETTEUR-RÉCEPTEUR

83 — Le transmetteur-récepteur est un appareil que nous avons imaginé pour transmettre les clefs des dépêches chiffrées (16). Il comprend, entre autres parties, une boîte de transmission quand il sert à transmettre la clef d'une dépêche, et une boîte de réception quand il sert à recevoir cette clef. Nous allons donner successivement la description de ces deux genres de boîtes, et nous passerons ensuite à celle du transmetteur-récepteur proprement dit (91).

BOITE DE TRANSMISSION

84 — La boîte de transmission, dont on voit le détail des différentes parties aux figures 8, 9, 10, 11 et 12, est une boîte à secret de forme plate et oblongue, confectionnée avec du ferblanc de 4 à 5 dixièmes de millimètre d'épaisseur. Elle reçoit à l'intérieur, avant l'opération de la transmission, une bande dont il est parlé plus bas, sur laquelle la clef de la dépêche est écrite par l'expéditeur.

La figure 8 montre le fond de la boîte vu de face : ce fond est percé à gauche d'un trou circulaire qui a pour objet de livrer passage au gros tourillon d'une bobine d'enroulement E, fig. 10; il est armé à sa droite d'un tambour fixe T, fig. 9, également en ferblanc, mais dont l'axe est en fer plein. Ce tambour fait corps avec la boîte et est destiné à recevoir une bague de déroulement D, fig. 11. Le couvercle de la boîte est de même forme que le fond, mais percé de deux trous au lieu d'un seul comme le fond, de façon que, lorsque la bague de déroulement D et la bobine d'enroulement E ont été mises en place et que la boîte a été fermée, fig. 12, le petit tourillon de cette bobine et celui du tambour de la figure 9 viennent passer par les trous du couvercle. Dans cette position, l'échancrure pratiquée sur le pourtour du fond de la boîte, fig. 9, et celle pratiquée sur celui du couvercle se réunissent pour ne former qu'une seule et même ouverture que nous nommerons l'échancrure de la boîte. Cette échancrure, qui a 5 millimètres de largeur et une longueur égale à l'épaisseur de la boîte, a pour double objet de permettre : 1° le contact, avec la bande, de l'extrémité d'un style destiné à lui transmettre un courant électrique, et 2° le passage de deux guides propres à assurer la régularité du déroulement de cette bande.

La bague D, fig. 11, est en ferblanc un peu plus fort que celui de la boîte.

La bobine d'enroulement E est également en ferblanc comme la boîte; mais l'axe qui la traverse est en fer plein, et le gros bout en est creusé suivant un prisme destiné à recevoir l'axe en saillie d'une manivelle à poignée ou d'un mouvement d'horlogerie solidement établi sur la table de l'appareil.

Deux chevilles en fer *c* et *c'*, fig. 9, sont fixées sur le fond de la boîte et supportent un ressort très flexible *rr'*, fig. 8; ce ressort est fixé à la cheville *c'*, vient affleurer légèrement la paroi du pourtour du fond de la boîte par sa convexité, et repose par son extrémité libre sur la cheville *c*. Le ressort *rr'* est représenté en élévation, fig. 8, et en plan, fig. 12: il est placé symétriquement au milieu de l'échancrure de la boîte, qu'il masque presque totalement et dont il laisse seulement à nu, à droite et à gauche, deux petites ouvertures d'environ 4 à 5 millimètres de largeur.

85 — Notre boîte, dont l'ouverture et la fermeture doivent être très faciles, étant supposée bien comprise, imaginons qu'une bande à dépêche, ayant été préalablement amorcée par l'une des extrémités sur la bague de déroulement D et par l'autre extrémité sur le cylindre de la bobine d'enroulement E, soit enroulée sur la bague D. Supposons de plus que la bague et la bobine soient mises en place, et que la partie de bande comprise entre cette bague et cette bobine ait été engagée entre le ressort *rr'* et la paroi du pourtour du fond de la boîte (ce qui sera toujours facile à cause de l'extrême flexibilité du ressort). Imaginons enfin que, la boîte ayant

été fermée, le 2e tourillon de la bobine et les deux tourillons du tambour soient introduits dans des logements supposés fixes (dont les figures 13, 14 et 15 donnent déjà suffisamment l'idée), en même temps que le gros tourillon de la bobine reçoit l'axe de la manivelle à poignée dont il est parlé plus haut.

Il est évident que la boîte aura pris une position invariable, et que, si dans cette position l'arbre du moteur vient à tourner dans le sens de la flèche de la figure 14, la bande à dépêche se déroulera de la bague de déroulement et viendra s'enrouler sur la bobine d'enroulement.

86 — La boîte de transmission a un mode de fermeture très simple ; mais, par suite d'une précaution prise par l'expéditeur (106), il devient impossible, quand elle a été fermée, de l'ouvrir clandestinement sans qu'une lacération visible le fasse connaître.

L'installation des bobines dans la boîte est également telle que, si la bande est dérangée dans un but coupable avant la mise en place de la boîte auprès du transmetteur-récepteur, la transmission n'est plus possible. En effet, si, avant cette mise en place, on cherchait à dérouler lentement la bande intérieure en saisissant entre le pouce et l'index l'un des tourillons de la bobine d'enroulement, fig. 10, afin de prendre clandestinement et à loisir connaissance de la clef de la dépêche à travers l'échancrure, cette bande ne pourrait plus, quoi qu'on fît, reprendre ensuite, en raison de la mobilité de la bague autour du tambour T, fig. 9, son enroulement primitif sur cette bague, et l'employé qui se serait ainsi rendu coupable de la violation du secret de la dépêche serait dans l'impossibilité absolue d'en transmettre ensuite la clef, le fonctionnement de la boîte se trouvant en effet alors complètement neutralisé.

Bandes à dépêches

87 — Nous avons dit plus haut qu'une bande, sur laquelle l'expéditeur a dû préalablement écrire la clef de sa dépêche, était introduite par ses soins dans la boîte de transmission. Disons quelques mots de ce genre de bandes auxquelles nous donnerons le nom de *bandes à dépêches*. Il y en a de deux sortes : la *bande de transmission* que nous allons immédiatement décrire, et la *bande de réception* dont nous parlerons à l'occasion des boîtes de réception (90).

88 — Les bandes de transmission sont formées : soit d'une bande du plus fort papier que l'on puisse trouver au point de vue de la ténacité, c'est-à-dire de la difficulté au déchirement ; soit d'un ruban de fil ou de coton très fin collé avec soin entre les deux moitiés d'une bande de papier de longueur double, ployée dans le sens de sa longueur ; ce ruban est ensuite passé au laminoir. Dans tous les cas, et quelle qu'en soit la nature, la bande devra présenter le moins d'épaisseur possible, une solidité suffisante, et pouvoir être argentée comme il est dit plus bas.

Les bandes de transmisssion ont 20 millimètres de largeur sur 50 centimètres de longueur effective. Elles portent sur le recto, c'est-à-dire du côté où sera écrite la clef de la dépêche, une ligne tracée à l'avance parallèlement et à 8 millimètres du bord inférieur de la bande, et destinée à guider l'expéditeur (104) : nous donnerons à cette ligne le nom de *directrice de la bande.*

Les bandes de transmission sont argentées au recto et au verso, mais pas au dessous de la directrice, la zone comprise entre cette ligne et le bord inférieur du recto étant destinée à recevoir, l'un au dessous de l'autre, l'alphabet Morse et l'alphabet ordinaire imprimés, afin de faciliter la besogne de l'expéditeur. La métallisation des bandes doit en outre être faite avec assez de soin pour que le courant électrique transmis par la pointe d'un style en un point quelconque du recto le soit en même temps au verso, et réciproquement.

BOITE DE RÉCEPTION

89 — La boîte de réception est une boîte destinée à recevoir secrètement au poste destinataire la clef de la dépêche transmise par le poste expéditeur à l'aide de la boîte de transmission. Cette boîte dont on voit le plan et l'élévation, fig. 16, est circulaire ; elle est également en ferblanc, et disposée pour recevoir une bobine d'enroulement formée d'un cylindre terminé à ses deux bases par deux disques circulaires également en ferblanc et faisant corps avec le cylindre principal.

La boîte de réception est traversée par un axe en fer plein dont le gros tourillon a les mêmes dimensions et la même destination que celui de la bobine de la boîte de transmission. Du côté du gros tourillon se trouve un tambour denté en bois, monté sur le même axe que le cylindre principal et qui participe, par suite, au mouvement de rotation imprimé à la bobine.

Un ressort r, fig. 16, est fixé par une de ses extrémités à la paroi intérieure de la boîte, et vient buter par son extrémité libre sur le tambour denté. Quand le tambour denté tourne dans le sens de la flèche, le ressort ne s'oppose en rien à son mouvement; mais il le rend complétement impossible si ce mouvement a lieu dans le sens opposé.

Quand la boîte fonctionne, une bande, sur laquelle s'imprime la clef de la dépêche à recevoir, vient s'enrouler sur la bobine en s'engageant dans la boîte par une échancrure pratiquée sur sa partie convexe. Il est inutile de dire que, pour atteindre ce but, l'une des extrémités de la bande a dû être préalablement amorcée sur le cylindre de la bobine, entre les disques, et que, pour faciliter le fonctionnement de cette bobine, on a dû d'abord mettre solidement la boîte en place.

90 — Les bandes destinées aux boîtes de réception sont exactement par leur nature et leurs dimensions les mêmes que celles des boîtes de transmission, à cette différence près qu'elles ne sont argentées ni au recto ni au verso et n'ont point de directrice. Elles doivent être d'une épaisseur aussi exactement que possible la même que celle des bandes de transmission, malgré l'argenture de ces dernières. Enfin les bandes de transmission et de réception doivent être aussi souples que possible, et obéir facilement au déroulement et à l'enroulement que leur imprime le transmetteur-récepteur.

TRANSMETTEUR-RÉCEPTEUR

91 — Le nouvel appareil T.R., fig. 17 (ou T'.R'., fig. 18), que nous nommons transmetteur-récepteur, est placé sur la même table et à droite du manipulateur M d'un appareil Morse ordinaire. Cet appareil se compose essentiellement : 1° d'un moteur *abcd* dont l'axe *xy* fait un certain nombre de tours à la seconde, et sur la nature et la vitesse duquel nous entrerons plus tard dans les explications nécessaires; 2° d'un système de réception analogue en principe, fig. 18, à celui R' de l'appareil Morse, mais plus simple et dont nous supposerons l'électro-aimant en E'.A'.

Un support métallique en fer à cheval S ou S', fig. 17 ou fig. 18, dont le pied est fixé à la table de l'appareil, et dont chaque extrémité est percée d'un trou cylindrique, fig. 15, peut recevoir dans ces trous les deux tourillons de la boîte de transmission décrite précédemment, s'il s'agit de transmettre la clef d'une dépêche, fig. 17, ou l'unique tourillon d'une boîte de réception, s'il s'agit au contraire de recevoir cette clef, fig. 18. Le tourillon du tambour de la boîte de transmission s'engage dans un trou *o*, fig. 15 et fig. 17, pratiqué dans la caisse du moteur, tandis que celui de la bobine d'enroulement B. E., mêmes figures, est pénétré par l'extrémité en saillie *t* de l'arbre du moteur. Si c'est, au contraire, la boîte de réception qui est en place, fig. 18, le trou de la saillie *o* devient inutile.

92 — Si l'on veut expédier la clef d'une dépêche (voyez les figures 13, 13 bis, 14, 15 et 17), il faut d'abord mettre en place la boîte de transmission.

Pour opérer cette mise en place, on éloigne de la caisse *abcd* le support en le saisissant par la partie courbe S, fig. 15 et 17. Ce support ayant, quand la vis *v* est desserrée, un mouvement de va et vient dans les coulisses fixes *c,c* qui font corps avec le pied du support, il devient possible au stationnaire du bureau expéditeur d'engager les tourillons de la boîte de transmission dans leurs logements, puis de fixer la boîte dans cette position en ressaisissant le support par la partie courbe pour le rapprocher du moteur, et en serrant la vis *v* sur la branche *aa'* du support. Des arrêtoirs *a,a* et *a',a'* limitent la course du support dans son rapprochement ou dans son éloignement de la caisse du moteur.

Pour retirer la boîte de transmission de la position qui vient de lui être donnée, on agit d'une manière inverse, c'est-à-dire qu'après avoir desserré la vis *v*, on éloigne le support du moteur et l'on dégage la boîte.

93 — Quand, pour recevoir la clef d'une dépêche, on veut mettre en place la boîte de réception (fig. 16 et fig. 18), on agit de même, à cette différence près que cette boîte, ne présentant à l'intérieur qu'une bobine, exige, pour être maintenue, la fixation d'un troisième point. A cet effet une petite coulisse *cc* est disposée contre la boîte, et vient, quand on la met en place, embrasser une saillie *s* fixée normalement sur la caisse du moteur.

La bande de la boîte de transmission est en totalité disposée dans l'intérieur de cette boîte, tandis que la bande de la boîte de réception, quand on met cette dernière boîte en place, fig. 18, n'y est amorcée que par l'une des extrémités; le reste de la bande est enroulé à l'avance en provision sur une petite bague en carton que l'on engage dans une sorte de piton P. Ce piton est fixé de telle sorte que la bande puisse s'en dérouler verticalement avec la plus grande facilité pendant le fonctionnement du moteur, pour venir passer sous le guide *g* voisin du levier de l'électro-aimant E'. A', et de là s'engager dans la boîte par son échancrure, après avoir couru horizontalement sous la molette *m* de l'appareil à encre du système.

Pour dégager la boîte de réception, on s'y prend comme pour la boîte de transmission, puis on dégage le reste de bande amorcé sur la bague de carton, ou mieux on se débarrasse de ce bout de bande et de la bague en le coupant ou le déchirant, ce qui ne présente aucun inconvénient pour la réception.

94 — Les électro-aimants E.A.,E'.A'. des transmetteurs-récepteurs des stations de départ et d'arrivée, fig. 17 et fig. 18, sont en communication électrique permanente avec les pieds des supports S et S'.

95 — Un commutateur C, fig. 17, permet d'interrompre la communication du courant de pile au manipulateur Morse et de l'établir avec la bande de la boîte de transmission. A cet effet un manchon M est établi au-dessus de cette boîte, figure 13, 13 bis, 14 et 17. Ce manchon est traversé par une vis à tête *v'*, à laquelle vient se relier le fil de pile P, et dont la partie inférieure entraîne, dans le mouvement ascensionnel ou de descente que lui imprime la tête *v'*, un prisme de métal qui se termine par une dent *d*. Cette dent n'est autre qu'un ressort très flexible courbé dans le sens de la course de la bande, et qui se termine par une pointe mousse de 1 millimètre de largeur, fig. 14.

96 — Quand le stationnaire expéditeur veut mettre en communication le fil de pile et la bande de la boîte, il fait jouer doucement la tête *v'* de la vis du manchon M, jusqu'à ce que la bande soit prise entre le ressort de la dent *d* et le ressort qui s'appuie sur les chevilles de la boîte. L'extrême flexibilité de ces ressorts assure le contact que l'on veut établir, sans gêner en rien la course de la bande.

Deux guides *g*, *g*, installés à la partie inférieure du prisme qui termine la vis et recouverts de gomme laque, descendent en même temps que ce prisme quand on tourne la vis v', et pénètrent dans la boîte, fig. 13 et 15, laissant entre eux la bande, qu'ils ont pour objet de guider dans sa course; le jeu de la bande entre les guides g, g est de 1 millimètre.

La hauteur du caractère représentant la clef de la depêche comptée perpendiculairement au sens longitudinal de la bande, étant de trois millimètres (troisième paragraphe du n° 104), la dent d, qui transmet le courant de la pile du poste, traversera toujours ce caractère. Ce courant, après avoir traversé la vis du manchon, se communique à la bande de la boîte par la dent d, de cette bande à la boîte par les chevilles c et c', fig. 8 et 9, de la boîte au support, et enfin du pied du support au fil de ligne.

97 — Un commutateur C', fig. 18, permet également d'établir ou d'interrompre la communication électrique entre l'électro-aimant du récepteur Morse R' et l'électro-aimant E'. A'. du transmetteur-récepteur.

98 — La molette m de l'appareil à encre du récepteur du système proposé (voir l'élévation, fig. 18) est adaptée sur l'axe d'un pignon engrenant avec une roue dentée ayant pour axe l'axe même du moteur. Ce récepteur, qui est en principe analogue à celui du système Morse, doit être installé le plus simplement possible.

99 — Le moteur de l'appareil peut être un mouvement d'horlogerie semblable à celui de l'appareil Morse; mais il nous semble plus simple et plus avantageux d'y substituer tout bonnement un petit arbre de couche xy, fig. 17 et fig. 18, qui serait au besoin renfermé dans une caisse $abcd$ solidement établie sur la table commune des deux appareils, et destinée à permettre l'établissement de certaines installations spéciales à l'appareil nouveau. L'arbre de ce moteur serait mis en mouvement à l'aide d'une manivelle à poignée.

Il est évident que, quel que soit celui des deux moteurs employés, le synchronisme des appareils de départ et d'arrivée n'aura point lieu; mais les détails, qui vont être donnés plus bas sur les manœuvres à exécuter lors de la transmission de la clef d'une dépêche, feront voir clairement qu'en admettant qu'une étude préalable faite à l'aide d'un métronome ou du balancier d'une pendule ordinaire ait familiarisé les stationnaires avec le sentiment du rhythme et en particulier avec la durée de temps marquée par une seconde (étude incomparablement plus simple et plus facile que celle de la manœuvre du manipulateur Morse), il n'y aura point d'autres inconvénients, dans l'adoption d'un moteur mis en mouvement par une manivelle à poignée, que ceux que nous signalons plus bas (102); inconvénients inhérents à tous les systèmes où l'établissement du synchronisme n'a point lieu, et auxquels, en définitive, il ne faut point, surtout pour l'appareil dont il s'agit ici, attacher une importance qui n'a point de raison d'être, si l'intelligence de la clef reçue est suffisamment assurée.

De l'avis des horlogers mécaniciens les plus habiles, un mouvement d'horlogerie bien construit peut donner d'une manière régulière et constante deux tours à la seconde, mais le coût de cet appareil, supposé construit sur une grande échelle, serait de 150 à 200 francs. Ce mouvement d'horlogerie permettrait aux bobines de nos boîtes de transmettre en 4 ou 5 secondes la clef d'une dépêche; mais le prix d'une manivelle à poignée serait incomparablement moindre que celui d'un appareil d'horlogerie, et donnerait une vitesse de transmission encore plus grande. Au reste, quel que soit celui des deux moteurs qui serait adopté, l'avantage de la rapidité de transmission qu'il donnerait devant se trouver forcément atténué par le temps nécessaire aux stationnaires pour disposer, dans chaque cas, les appareils de transmission et de réception, il n'y a point lieu d'y attacher beaucoup d'importance. Ce qui importe avant tout, c'est donc l'adoption d'un moteur aussi peu coûteux que possible, puisque, quel qu'il doive être, sa vitesse sera toujours suffisamment régulière et suffisamment grande pour l'objet en vue.

100 — Enfin les figures 17 et 18 se complètent mutuellement, et ne comportent strictement chacune que ce qui est nécessaire pour l'intelligence de la marche des courants du poste de transmission au poste de réception, selon que c'est l'appareil Morse qui fonctionne ou bien le transmetteur-récepteur. Le circuit est représenté par une ligne pleine pour l'appareil Morse, et par une ligne composée de traits quand il s'agit au contraire de l'appareil nouveau.

BANDE DE PAPIER GOMMÉ

101 — La bande de papier gommé a 15 millimètres de largeur sur 15 à 20 centimètres de longueur : elle n'est gommée que sur l'une de ses faces. Cette bande de papier a pour objet de sauvegarder le secret des boîtes à dépêches, de même que le disque gommé sauvegarde celui de l'appareil auxiliaire du système Caselli (31).

DES MOYENS DE PARER AU NON SYNCHRONISME DES APPAREILS DE DÉPART ET D'ARRIVÉE

102 — Nous avons dit que les bandes des boîtes à dépêches ont 50 centimètres de longueur effective (deuxième paragraphe du n° 88, et n° 90) : expliquons-nous à ce sujet.

Pour éviter les difficultés que comporte l'établissement du synchronisme des appareils de départ et d'arrivée, remarquons qu'il ne peut se présenter que l'un des deux cas suivants, savoir : ou le fonctionnement du transmetteur-récepteur de la station de départ commence avant celui de la station d'arrivée, ou bien il commence en même temps. Supposons que l'appareil expéditeur commence à fonctionner avant celui de la station d'arrivée.

Si l'expérience démontre que, dans des cas extrêmes, la bande de l'appareil expéditeur s'est presque totalement déroulée, au moment où l'appareil de la station d'arrivée commence à fonctionner, il faudra de toute nécessité, pour être certain que la clef de la dépêche soit reçue, parer aux inconvénients du non synchronisme en doublant une fois pour toutes les 50 centimètres dont se compose chaque bande de transmission, et en n'écrivant la clef de la dépêche qu'à partir des 50 premiers centimètres de bande.

Les bandes de transmission étant désormais d'une longueur réelle de 1 mètre, dont 50 centimètres effectifs pour la clef, s'il arrivait au contraire que les appareils de départ et d'arrivée commençassent à fonctionner en même temps, il suffirait, pour que la bande de réception pût recevoir la clef de la dépêche transmise, de l'augmenter de 50 centimètres.

Après ces explications, il est évident que, si l'on suppose les vitesses de déroulement et d'enroulement des bandes égales aux stations de départ et d'arrivée, les inconvénients provenant du non synchronisme des appareils seront évités en portant à 1 mètre, au lieu de 50 centimètres, les longueurs des bandes de nos boîtes à dépêches.

Si les vitesses de rotation des bobines étaient uniformes et égales aux stations de départ et d'arrivée, la bande de l'appareil de réception donnerait, dans chaque cas, la reproduction mathématique de la clef écrite sur la bande de transmission. Mais il ne peut en être ainsi dans la pratique; les dimensions du caractère représentant la clef reçue ne seront pas rigoureusement celles du caractère de la clef transmise. Cependant, quelle que doive être la nature du moteur qui devra mettre en marche les bobines, il sera toujours possible d'obtenir aux stations de départ et d'arrivée des vitesses de déroulement et d'enroulement assez sensiblement les mêmes, quoique variables, pour que les dimensions des caractères reçus (1) diffèrent cependant assez peu de celles des caractères transmis, et que, par suite, la clef reçue soit intelligible dans chaque cas. Les variabilités des vitesses de déroulement de la bande de transmission de dessus la bague sur laquelle elle a été primitivement enroulée, et de l'enroulement de la bande de réception sur la bobine de la boîte de réception, sont évidentes. Ces variabilités étant extrêmement faibles et ayant évidemment lieu l'une et l'autre dans le sens de l'augmentation, le seul inconvénient notable qui en résultera à la station d'arrivée sera que les dimensions des caractères précédant la clef seront un peu plus grandes que celles des caractères qui la suivent; mais les rapports des dimensions des caractères aux deux stations n'en seront pas moins sensiblement les mêmes, et la clef reçue sera toujours intelligible.

(1) Pour comprendre ce passage, voir le 4e paragraphe du n° 104.

II

DISPOSITIONS A PRENDRE PAR L'EXPÉDITEUR POUR LA PRÉPARATION DE SA DÉPÊCHE

103 — La personne qui désire expédier une dépêche se rend à l'un des bureaux de tabac spécifiés au nº 14 pour s'y approvisionner d'une feuille de papier quadrillé, d'une boîte de transmission et d'une bande de papier gommé.

Après s'être pourvu de ces objets dans les conditions que l'on a fait connaître (nos 81, 84, 101 et 14), l'expéditeur se retire dans la salle d'attente, pour y écrire sa dépêche sur le papier quadrillé.

Pour composer sa dépêche avec soin et éviter la perte du temps et les erreurs, l'expéditeur l'écrira d'abord sur une feuille de papier ordinaire ; puis il écrira, au dessous, sur une première ligne et dans leur ordre naturel, les lettres de l'alphabet ordinaire, et sur une deuxième ligne les mêmes lettres, mais en plaçant la première la lettre choisie pour clef, de façon que cette clef réponde à la lettre *a* de la première ligne ; la lettre qui marche immédiatement après la clef à la lettre *b* de la première ligne, et ainsi de suite (1).

L'expéditeur composera ensuite, toujours sur la même feuille de papier, sa dépêche chiffrée et reportera cette dépêche ainsi composée sur le papier quadrillé, mais après avoir eu soin tout d'abord de faire précéder le texte chiffré de la dépêche de l'adresse du destinataire écrite en langage et suivant l'orthographe usuels.

Un quadrillage vide devra toujours séparer entre eux les mots de l'adresse, et séparer l'adresse du corps proprement dit de la dépêche; l'expéditeur est libre ensuite d'en laisser ou de n'en pas

(1) Si l'expéditeur veut faire usage de l'alphabet sténographique (26), la marche à suivre est tout à fait semblable.

laisser subsister entre les mots chiffrés de sa dépêche, cette circonstance étant complétement indifférente au stationnaire pour l'opération de sa transmission, puisque la dépêche est chiffrée. Mais il est bien entendu que, s'il y a des quadrillages vides, le stationnaire est tenu, par sa manipulation, de les signaler à la station d'arrivée qui, à son tour, les doit faire connaître au destinataire sur la dépêche chiffrée qui lui est remise. L'expéditeur fera du reste toujours bien, ne fût-ce que pour contrôler cette manière d'opérer, de conserver par devers lui le brouillon chiffré de sa dépêche jusqu'à réponse du destinataire.

Chaque quadrillage ne devra jamais donner place qu'à une seule lettre ou à un seul des signes *an*, *in*, *on*, *un*,... de l'alphabet sténographique, et l'expéditeur ne devra pas ignorer que toute infraction de sa part à ce sujet entraînerait inévitablement la non transmission de sa dépêche et la non restitution de la taxe perçue par l'agent du bureau de tabac.

Précautions particulières concernant l'écriture de la clef de la dépêche

104 — Après avoir composé sa dépêche chiffrée, il reste à l'expéditeur à en écrire la clef et à introduire cette clef dans la boîte de transmission. A cet effet, il ouvre la boîte, en retire la bande qui s'y trouve, et dont les extrémités ont dû être amorcées à l'avance par les soins de l'Administration sur la bague et sur la bobine.

L'expéditeur saisissant la bague de la main gauche, déroule la bande sur une table de gauche à droite, le recto en dessus, la bague de déroulement à gauche et la bobine à droite ; il la maintient à plat sur la table à l'aide des compartiments de la boîte, ou du premier objet venu.

Prenant ensuite une sorte de plume ou de pinceau confectionné dans ce but, l'expéditeur se guide sur la directrice de la bande et écrit la clef de sa dépêche en employant celui des caractères de l'alphabet Morse qui répond à la lettre choisie pour clef, et en ne donnant pas moins de 3 millimètres de hauteur à l'élément ou aux éléments dont ce caractère se compose, ce qui lui sera immédiatement facile à l'aide de son pinceau.

Afin de faire figurer la clef sur la bande de façon qu'elle ne puisse pas être connue de l'employé de la station d'arrivée, mais qu'elle puisse l'être cependant du destinataire, l'expéditeur remplit les 50 centimètres de bande effective (102) par un assemblage arbitraire de caractère Morse ayant comme ci-dessus au moins 3 millimètres de hauteur, et pris en nombre pair de façon à pouvoir toujours faire figurer le caractère de la clef au milieu de cet assemblage. Le nombre pair des caractères au milieu desquels figure celui de la clef étant laissé à la volonté de l'expéditeur, c'est-à-dire étant chaque fois variable, et la transmission étant très rapide puisque l'on peut facilement, en moins de 2 secondes, opérer un déroulement et un enroulement de 50 centimètres de bande, il est évident que les stationnaires n'auront aucun point de départ pour diriger leurs investigations dans la découverte de la clef. Le milieu de l'assemblage pouvant en outre ne répondre nullement à celui de la bande, puisque rien n'empêche l'expéditeur d'espacer inégalement et à sa guise les caractères qu'il fait figurer sur cette bande, à ce point que l'une des moitiés de la bande peut à elle seule contenir tout l'assemblage en question, il est évident qu'une difficulté nouvelle se présentera et que la sagacité des chercheurs de clef sera complétement mise en défaut (1).

(1) Si l'on redoutait entre les stationnaires une connivence que nous ne voulons pas un seul instant admettre, et qui consisterait à manœuvrer les manivelles de leurs transmetteurs-récepteurs avec une extrême lenteur afin de pouvoir entendre ou lire les lettres et par suite la clef transmises, il y aurait un moyen de la déjouer en remplaçant les manivelles à poignée par des mouvements d'horlogerie. Mais l'hypothèse que nous faisons ici est purement gratuite; car, en admettant que deux stationnaires fussent à l'avance d'accord pour chercher à découvrir clandestinement la clef d'une dépêche par le moyen que nous indiquons (et nous n'en voyons point d'autre, à moins de lacérer les bandes de fermeture de nos boîtes), il faudrait également que ces stationnaires, fussent parfaitement sûrs l'un et l'autre (alors surtout que la durée réglementaire et toujours très rapide de la manœuvre des manivelles aura été établie régulièrement et définitivement pour toutes les stations) qu'ils observeront le même ralentissement de vitesse. Or la crainte qu'il n'en soit pas ainsi les arrêtera toujours, attendu que, si les vitesses de rotation des bobines aux stations de départ et d'arrivée ne sont pas sensiblement les mêmes, les positions, les espacements et les longueurs des caractères sur les bandes de transmission et de réception différeront essentiellement, et que le moindre contrôle de l'Administration ou la moindre réclamation du Public pourraient mettre en évidence la culpabilité des deux employés.

105 — Une fois que le caractère de la clef et les caractères dont elle est par précaution entourée sont bien secs (séchage que l'on peut hâter en les saupoudrant d'un peu de sable très fin, que l'on doit enlever ensuite avec le plus grand soin), l'expéditeur enroule sur la bague la bande à dépêche jusqu'à 6 centimètres environ de la bobine, en ménageant dans le cours de cette opération l'amorçage des extrémités de la bande sur la bague et sur la bobine. Il met ensuite en place dans la boîte la bague et la bobine, comme il a été expliqué (85) et comme le montre la figure 14; puis il ferme la boîte.

106 — La boîte étant fermée, l'expéditeur colle avec soin sur le pourtour de la fermeture, l'échancrure exceptée, la bande gommée dont il est fait mention au n° 101; puis, après avoir été au bureau d'expédition (7) où il remplit exactement, ainsi que l'agent de ce bureau, les mêmes formalités que pour la dépêche n° 1 (35), il se rend au guichet du bureau télégraphique.

107 — Si la dépêche est une *dépêche réponse payée*, cette circonstance devra être spécifiée sur le papier quadrillé, suivant l'orthographe usuelle et immédiatement après l'adresse ou après la signature.

Le papier quadrillé destiné à l'expédition des *dépêches réponse payée* devra différer, quant à la couleur, de celui destiné aux dépêches ordinaires, et l'agent du bureau de tabac qui l'aura délivré aura dû préalablement exiger de l'expéditeur le même prix que celui dont il est parlé au n° 36, à l'occasion d'une dépêche n° 1 *réponse payée.*

Quant à l'agent du bureau d'expédition, il se conforme à ce qui est dit au n° 36, en remarquant que le rectangle de l'adresse devient ici la partie du papier quadrillé où figure cette adresse.

III

DISPOSITIONS A PRENDRE AUX STATIONS DE DÉPART ET D'ARRIVÉE. — TRANSMISSION ET RÉCEPTION

108 — L'expéditeur ayant remis au stationnaire son permis d'expédier, son papier quadrillé et sa boîte de transmission, cet employé s'assure de la régularité du permis et l'introduit dans la boîte à échancrure dont il est parlé au n° 37. Ceci posé, représentons par :

P le fil de la pile du poste de la station de départ;
L le fil de ligne;
T. R. le transmetteur-récepteur et par E. A. son électro-aimant;
M le manipulateur de l'appareil Morse de la station;

Et enfin par S le stationnaire.

Représentons par les mêmes lettres accentuées les éléments semblables de la station d'arrivée, et voyons comment vont s'y prendre S et S' pour transmettre et recevoir la dépêche chiffrée et la clef remises à S par l'expéditeur. Si nous ne perdons pas de vue que les supports des transmetteurs-récepteurs des deux stations communiquent en permanence avec leurs électro-aimants, fig. 17 et fig. 18, et qu'en outre, à l'état de repos ou d'attente, L communique avec M, et L' avec M', les opérations à la station de départ et à la station d'arrivée devront avoir lieu dans l'ordre suivant :

1° S avertit d'abord S', par une sonnerie particulière de son appareil Morse, qu'une dépêche n° 1 va lui être expédiée.

2° A cet avertissement, S′ prend une boîte de réception (1) dont la bande est à l'avance enroulée extérieurement en provision sur une bague semblable à celle des boîtes de transmission; il met en place sur le piton P, fig. 18, le rouleau de bande, fait courir cette bande sous le guide g, sous la molette m, et met en place sur le transmetteur-récepteur la boîte de réception, à la bobine de laquelle cette bande est amorcée ; puis, à l'aide de M′, il fait à S le signal : *prêt !*

3° Au signal : *prêt !* de S′, S met la boîte de transmission en place, et, à l'aide de M, transmet à S′ le texte entier du papier quadrillé.

4° Ce texte étant reçu, S′ fait à l'aide de M′ le signal : *expédiez !* et établit immédiatement à l'aide du commutateur C′, fig. 18, la communication de ses électro-aimants, saisit la poignée de la manivelle de T′. M′., jette un coup d'œil sur E′. A′. qu'il ne perd plus de vue, et se tient prêt à manœuvrer.

5° Au signal : *expédiez !* fait par S′, S met en communication P et S à l'aide du commutateur C, fig. 17, fait jouer la vis v', fig. 13, 13 bis et 14, de manière à assurer le contact de P avec la bande, saisit la poignée de la manivelle de T. R., et manœuvre immédiatement sans attendre de nouveau signal de S′, en faisant tourner cette manivelle avec la vitesse et la régularité voulues. (Cette manœuvre, ainsi que nous l'avons dit précédemment, aura dû être l'objet de quelques études préparatoires très simples.)

6° S′, qui n'a pas quitté des yeux E′. A′., manœuvre à son tour la poignée de la manivelle de T′. M′. aussitôt qu'il voit ou qu'il entend battre le levier de E′. A′.

7° Enfin les stationnaires S et S′ cessent de manœuvrer lorsqu'ils ont épuisé chacun de leur côté, le premier la bande de la boîte de transmission, le second celle enroulée sur la bague disposée sur le piton P.

109 — S′ ayant tout le temps nécessaire pour établir la communication de ses électro-aimants, puisque, pendant qu'il fait cette courte besogne, S en a deux à faire dont une relativement assez

(1) Une bande de papier gommé (101) est supposée avoir été collée à l'avance par les soins de l'Administration sur le pourtour de la fermeture de la boîte de réception, l'échancrure exceptée. Cette petite bande répond donc, pour son objet, au disque gommé de réception dont il a été parlé au n° 40.

longue (la mise en contact du style et de la bande), remarquons que, à moins d'un défaut de surveillance, S′ ne pourra jamais être surpris par les battements du levier de E′.A′., et qu'il pourra toujours mettre en mouvement, à l'instant voulu, le moteur de son transmetteur-récepteur, s'il n'a point quitté des yeux E′.A′., ainsi qu'il a été prescrit plus haut, 4°.

Toutes les circonstances dues au non synchronisme des appareils ayant été traitées avec détail à l'occasion des bandes à dépêches (102), nous n'en parlerons pas ici.

Si, au lieu d'être mises en mouvement à l'aide de manivelles à poignée, les bobines des boîtes de transmission et de réception effectuaient leur rotation par le secours d'appareils d'horlogerie, le déclanchement de ces appareils remplacerait, aux instants marqués plus haut, la manœuvre des manivelles.

Nous sommes entré dans trop de détails à l'occasion des boîtes à dépêches, de leurs bandes et du transmetteur-récepteur, pour qu'il soit nécessaire d'en donner au sujet de ce qui se passe pendant la double opération de la transmission et de la réception de la clef de la dépêche. Qu'il nous suffise de dire que, pendant cette double opération, le courant électrique est établi ou fermé chaque fois que la dent, par laquelle se termine le prisme du manchon, glisse sur les intervalles métallisés séparant les caractères tracés sur la bande de transmission, et que ce courant cesse, au contraire, quand la dent glisse sur les parties encrées.

Il en résulte que la clef transmise et les caractères auxiliaires dont elle est accompagnée seront reçus en blanc à la station d'arrivée, contrairement à ce qui a lieu à la station de départ. Or cette circonstance ne présente évidemment aucune difficulté pour le destinataire, pour peu que l'Administration ait pris soin de faire imprimer à l'avance l'un au dessous de l'autre, sur le bord inférieur du recto ou sur le verso de ses bandes de réception, l'alphabet ordinaire d'abord, puis un alphabet Morse dont les traits des caractères seraient en blanc au lieu d'être en noir ; ce qui est facile, puisqu'il aura suffi d'imprimer en noir sur la bande, non plus ces traits eux-mêmes, mais bien les intervalles blancs qui les séparent les uns des autres.

Remarquons en passant que le transmetteur-récepteur constitue en principe un véritable télégraphe, puisque, s'il permet de transmettre et de recevoir la clef d'une dépêche, il permettra tout aussi bien de transmettre et de recevoir une dépêche entière ; mais cette dépêche, au lieu d'être écrite sur la bande de transmission en caractères de l'écriture usuelle, devra l'être en caractères Morse.

Remise de la dépêche au destinataire

110 — Dès que la clef de la dépêche est transmise, le stationnaire du bureau de départ enlève la boîte de transmission et la remet à l'expéditeur avec le papier quadrillé contenant le texte chiffré de cette dépêche ; le stationnaire du bureau d'arrivée, de son côté, enlève la boîte de réception et la remet au piéton avec la bande sur laquelle a été reçue le texte chiffré.

Mais ici une question délicate s'élève. Si l'employé du bureau d'arrivée a dû nécessairement traduire au piéton, sur un papier, l'adresse du destinataire reçue en caractères Morse sur la bande de réception, aura-t-il dû en faire autant du texte chiffré de la dépêche ? Il est en effet certain que la remise au destinataire de la dépêche en caractères Morse l'obligera à un premier déchiffrement d'autant plus pénible que l'alphabet Morse n'est guère connu que des employés des bureaux télégraphiques. D'un autre côté si, avant cette remise, la dépêche a été traduite en caractères de l'écriture usuelle, l'Administration ne devra-t-elle pas exiger un surcroît de taxe, en raison de la perte de temps, si courte qu'elle soit, que lui aura causée cette traduction ?

Nous croyons donc que l'on pourrait, afin de ne point engager pour l'avenir les instants de l'Administration, prendre un moyen terme qui consisterait à décider que, jusqu'à une époque assignée, le texte chiffré des dépêches n° 5 serait remis au destinataire en caractères usuels, mais que, passé cette époque, ce texte serait laissé en caractères Morse, à moins que l'expéditeur ne payât le tiers ou la moitié en sus, par exemple, de la taxe afférente à la dépêche non traduite.

Aussitôt que le destinataire a reçu du piéton le texte chiffré de la dépêche et la boîte qui en renferme la clef, il déchire la bande qui entoure la boîte, ouvre cette boîte, en retire la bande de réception, la déroule et la détache de la bobine, et enfin remet au piéton la boîte et la bobine seulement. Celui-ci agit, en cas d'absence du destinataire, comme il est dit au dernier paragraphe du n° 39.

Après ce qui a été dit au n° 104 et au cinquième paragraphe du n° 109, le destinataire découvrira toujours sans peine la clef de sa dépêche. Une fois en possession de cette clef, dont le double alphabet imprimé sur la bande lui donnera immédiatement la traduction, il procédera, pour sa plus grande commodité, au déchiffrement de la dépêche en s'y prenant d'une manière inverse de celle employée par l'expéditeur pour l'écrire (troisième paragraphe du n° 103).

IV

DISPOSITIONS NÉCESSAIRES POUR ASSURER LE SERVICE. CONTRÔLE ET PERCEPTION

111 — Se conformer à ce qui est dit aux nos 53 et 54, en tenant compte de la différence des boîtes de transmission et de réception des dépêches nos 2 et 5.

V

OBSERVATIONS RELATIVES AU MODE DE TRANSMISSION PRÉCÉDENT. — DÉPÊCHES NON SECRÈTES

112 — L'universalité du télégraphe Morse nous est un sûr garant que, si la mise en place et le fonctionnement de notre transmetteur-récepteur ne présentent pas, comme nous en avons le ferme espoir, de difficultés sérieuses, l'emploi de la dépêche n° 5 ne manquera pas de se généraliser promptement sur les stations à grande distance reliées par des fils directs. Mais, sous le rapport de la quantité des dépêches transmises et de la facilité de les déchiffrer (110), l'emploi de la dépêche n° 4 est infiniment préférable.

La dépêche n° 1, d'un autre côté, présente des lenteurs qui balancent malheureusement ses précieux avantages : les dépêches nos 2, 3 et 4 seront donc celles dont nous conseillerons l'usage pour les grands centres de population, si le vœu, que nous formons pour la création de Compagnies télégraphiques privées, se réalise un jour.

Pour ce qui concerne le collationnement, nous avons dit (56) les motifs qui nous le font rejeter en principe, et dans quelles conditions on pourrait au besoin en faire usage pour les dépêches nos 4 et 5. .

Le transmetteur-récepteur, servant uniquement à transmettre la clef de la dépêche, il n'y aura point lieu de se préoccuper des difficultés que présenterait, avec cet appareil, la constatation de la constance et de la régularité de la marche des courants, puisque le galvanomètre de l'appareil Morse suffit évidemment pour cet objet.

Enfin les dépêches non secrètes n'exigeant point de chiffre, le transmetteur-récepteur n'est plus utilisé, et la transmission de ces dépêches n'est autre que celle que nous voyons opérer journellement avec l'appareil Morse.

CONCLUSION

La Stratégie moderne dispose, pour la réussite de ses combinaisons, d'un moyen aussi nouveau que merveilleux, qui laisse bien loin en arrière tous ceux qui ont été employés jusqu'ici à la guerre. Nous voulons parler du télégraphe électrique.

Un Chef d'armée peut en effet aujourd'hui, par l'établissement intelligent et rapide de quelques stations télégraphiques, relier entre eux les mouvements de ses corps de troupes, connaître et déjouer ceux de l'ennemi, rassembler promptement sur un même point une masse considérable et frapper soudainement un grand coup qui peut décider de la victoire.

Dans cet ordre d'idées, nous avons pensé que si le télégraphe électrique, tel qu'il fonctionne aujourd'hui, peut rendre de si grands services en campagne, il en rendrait de bien plus grands encore si le secret des dépêches pouvait être assuré d'une manière complète. Telles sont les réflexions qui ont déterminé nos recherches sur la télégraphie secrète, recherches que nous avons étendues afin de les approprier à un usage général.

Dès le début nous avons immédiatement reconnu que, pour obtenir le véritable secret des dépêches, c'est-à-dire sans recourir à l'emploi de chiffres ou de lettres secrètes, il fallait de toute nécessité modifier ou plutôt refondre le service télégraphique actuel.

Nous avons saisi cette occasion pour présenter en même temps une combinaison nouvelle qui permît un nombre beaucoup plus considérable de transmissions avec le même personnel et au moyen d'une augmentation peu sensible du matériel actuel. L'impossibilité de transmettre simultanément plusieurs dépêches ne pouvant être compensée que par la succession plus rapide des transmissions, nous avons imaginé de petits appareils qui, à l'avantage d'assurer le secret des dépêches, joignent celui de rejeter le principal travail matériel sur l'expéditeur et de débarrasser l'employé des mille causes de lenteur apportées jusqu'ici à la rapidité de la double opération de la transmission et de la réception. L'expéditeur trouvera une compensation très avantageuse de ces petits ennuis dans un abaissement considérable des taxes qui lui permettra un plus fréquent usage du télégraphe électrique, et le Trésor de son côté percevra incontestablement des recettes beaucoup plus grandes.

Ces trois questions : le secret des depêches, l'abaissement des taxes et l'augmentation des transmissions présentaient donc une corrélation intime, et nous en avons conclu qu'il était impossible d'imaginer un moyen plus efficace pour rendre l'emploi du télégraphe électrique populaire que de chercher pour ces trois questions une seule et même solution. C'est le but que nous nous sommes proposé dans le travail qu'on vient de lire.

Ce travail, fruit de nos loisirs pendant nos longues traversées sur mer et nos séjours dans les colonies, s'adresse aux esprits sérieux, en raison de la nature des questions traitées et des soins que nous y avons apportés. Il ne s'adresse donc pas aux personnes dont parle Jacobi (1) à l'occasion de la marche lente et des tâtonnements qui ont signalé les diverses phases de l'histoire de la télégraphie électrique, c'est-à-dire « à ces personnes qui n'ont aucune idée » du développement progressif des choses et les imaginent venues » au monde comme Minerve, toute cuirassée du cerveau de Jupi- » ter ; à ces personnes pour lesquelles il suffit que les choses exis- » tent, et qui, ne tenant aucun compte de leur passé, n'ont aucune » foi dans leur avenir ; à ces personnes enfin qui ignoreront tou- » jours que les choses les plus simples ne se trouvent le plus sou-

(1) Du Moncel, *Traité de Télégraphie électrique.*

» vent qu'après avoir épuisé les combinaisons les plus compli-
» quées. »

N'oublions pas combien le temps s'est chargé de donner un gigantesque démenti aux ridicules critiques qu'ont soulevées dans le temps les fils aériens proposés pour la première fois par le baron Schilling, lors de l'établissement d'une ligne électro-télégraphique entre Saint-Pétersbourg et Peterhoff. Ayons donc confiance.

La partie intelligente du Public fait seule directement usage du télégraphe électrique. Nous n'admettons donc pas, dans le cas où nos idées seraient adoptées, que l'on objecte contre les petits appareils que nous proposons la nécessité d'une étude spéciale, puisque, pour chacun des sytèmes exposés, cette étude exigerait tout au plus un quart d'heure, mettons une heure de travail.

Quant à ces appareils, puissent-ils, si imparfaits qu'ils soient aujourd'hui, ne jamais donner une nouvelle occasion, comme pour tant d'autres plus ingénieux, qui, nés sur notre sol, n'ont complètement réussi qu'à l'étranger, de répéter ces tristes paroles : « Si
» le génie français a le privilége de donner la première impulsion
» aux grandes découvertes, il est malheureusement presque toujours
» aussi le premier à enrayer sur la route du Progrès. » Ne laissons pas redire une fois encore que nous avons toujours en France le génie de l'invention, mais que l'initiative de l'application nous fait toujours défaut.

Enfin pour nous appuyer sur une autorité sans appel, qu'on nous permette de citer cette pensée du Génie moderne, cette pensée si profondément et si malheureusement vraie que lui inspirait, dans les temps, l'étude de l'Arme à laquelle nous avons l'honneur d'appartenir ; cette pensée, qui à une époque où le Progrès marche à pas de géant et où celui qui n'avance pas recule, peut également s'appliquer au sujet que nous venons de traiter, et faisons des vœux ardents pour qu'elle ne soit pas justifiée une fois de plus :

Non seulement la routine conserve scrupuleusement comme un dépôt sacré les vieilles erreurs, mais elle s'oppose encore de toutes ses forces aux améliorations les plus légitimes et les plus évidentes, et il est triste que, sous certains rapports, la France ait donné les exemples les plus remarquables de cette antipathie du Progrès.

Peutêtre nous trouvera-t-on bien audacieux de rechercher des appuis si élevés pour notre humble travail ; mais, du point obscur d'où nous sommes parti, nous avons entrevu de vastes horizons. Si nous n'avons fait jaillir qu'une étincelle, d'autres plus habiles en tireront plus tard la véritable lumière. Puisse notre pays en profiter : c'est l'unique récompense que nous ambitionnons.

Les appareils que nous avons décrits ne sont peutêtre que la réalisation incomplète d'une idée; mais, cette idée répondant évidemment à un immense besoin de notre époque, il serait profondément regrettable que l'on restât sourd à cette demande si légitime que nous ne cesserons de faire avec les instances les plus vives : *des Expériences !*

Ces expériences, notre position officielle ne nous permet ni de les diriger ni de les faire : elles sont exclusivement du ressort de l'Administration compétente, qui seule dispose des moyens nécessaires pour les prescrire, les diriger et les faire exécuter à peu de frais; et qui, bien mieux que nous, saura ce qu'il y a lieu de modifier ou de rejeter pour l'emploi de nos appareils.

On a dit : « *Le Flambeau de la Critique doit éclairer et non brûler* » Espérons donc que, loin de combattre systématiquement nos idées, les esprits sérieux et impartiaux ne nous adresseront que des conseils propres à donner à nos procédés le côté pratique qu'ils doivent avant tout présenter. Mais n'eussions-nous point pour nous les encouragements de personnes dont la compétence en matière de télégragphie théorique et pratique ne saurait être contestée, et les opinions émises dans ce livre dussent-elles trouver des contradicteurs, nos convictions n'en seront en rien ébranlées. Pour réaliser le service télégraphique secret, il faut des modifications dans le service des employés et dans les habitudes du Public ; eh bien ! ces modifications le temps les accomplira infailliblement et sans secousse.

Loin de nous cependant la pensée de chercher à renverser ce qui existe déjà sur ce domaine de la télégraphie électrique, qui est vaste comme la mer, et, comme elle, fertile en naufrages. Nous voulons seulement combler une profonde lacune en édifiant à nouveau sur ces brillantes assises du Progrès. D'autres ont montré comment on doit s'y prendre pour faire parvenir à sa destination la lettre électrique : nous avons, nous, cherché une enveloppe à cette lettre, et rien de plus.

Notre tentative peut sembler au premier abord bizarre ou téméraire; mais on reconnaîtra bien vite qu'elle est au contraire simple et naturelle, puisque sa réalisation n'est en effet que le complément indispensable de l'immense bienfait que nous devons au génie des Morse, des Hughes et des Caselli; et, dût-elle ne point aboutir, l'idée du moins restera, et, nous disons plus, l'idée germera. Le scepticisme en matière de découvertes n'est plus de notre époque, et l'on peut hardiment avancer que ce que l'un n'a point trouvé aujourd'hui, un autre demain, si l'intention est réalisable, le trouvera.

C'est donc au caractère libéral et progressif, aux lumières et au patriotisme du haut Fonctionnaire auquel le pays est redevable de son admirable réseau télégraphique, que nous faisons appel; c'est à lui qu'il appartient de prendre l'initiative de toutes les mesures propres à l'expérimentation si peu coûteuse de nos projets de télégraphie nouvelle, comme de favoriser toutes les découvertes qui doivent couronner un jour l'édifice qu'il a si brillamment inauguré.

FIN

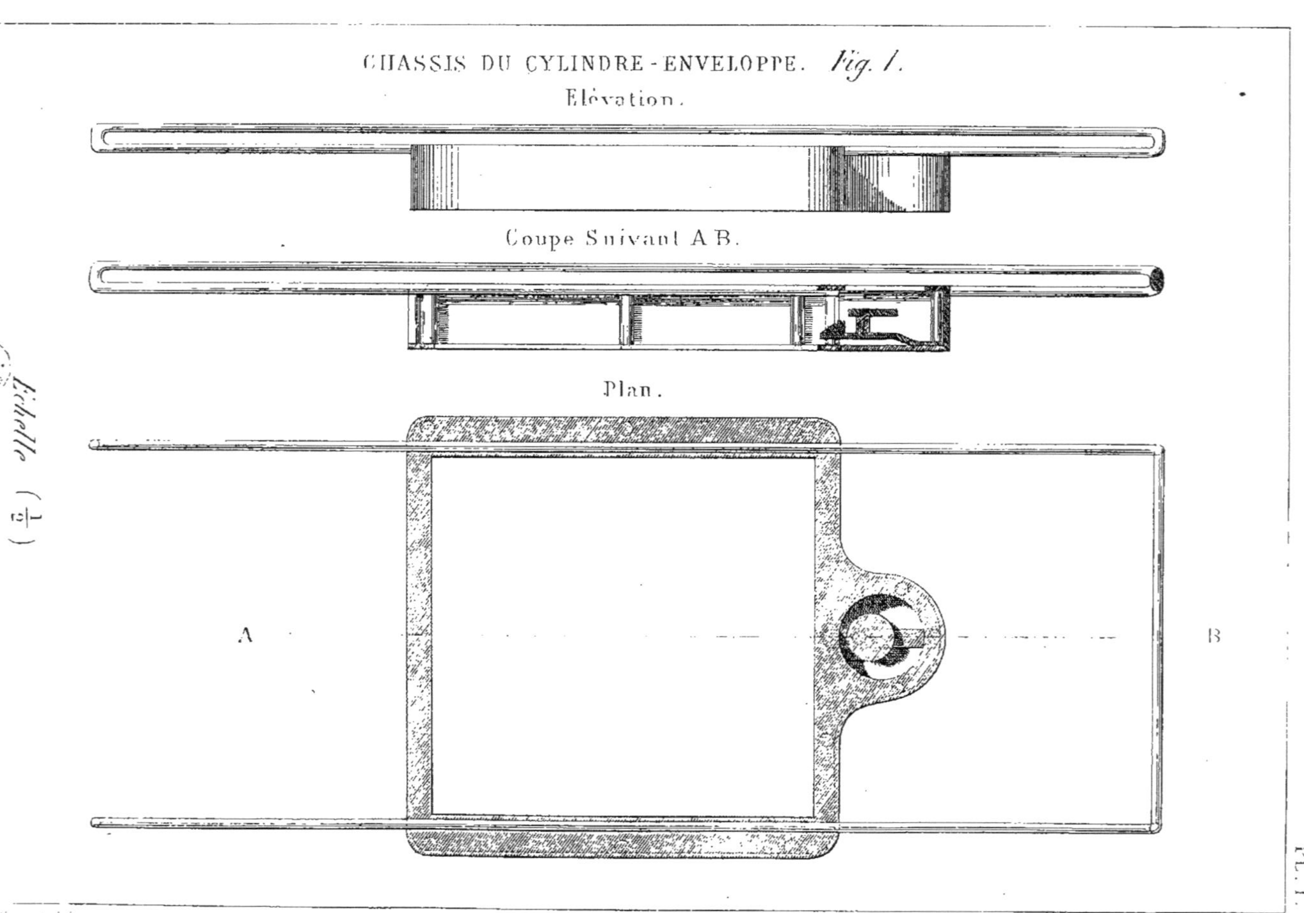
CHASSIS DU CYLINDRE-ENVELOPPE. Fig. 1.
Elévation.
Coupe Suivant A B.
Plan.
A
B
Echelle ($\frac{1}{2}$)

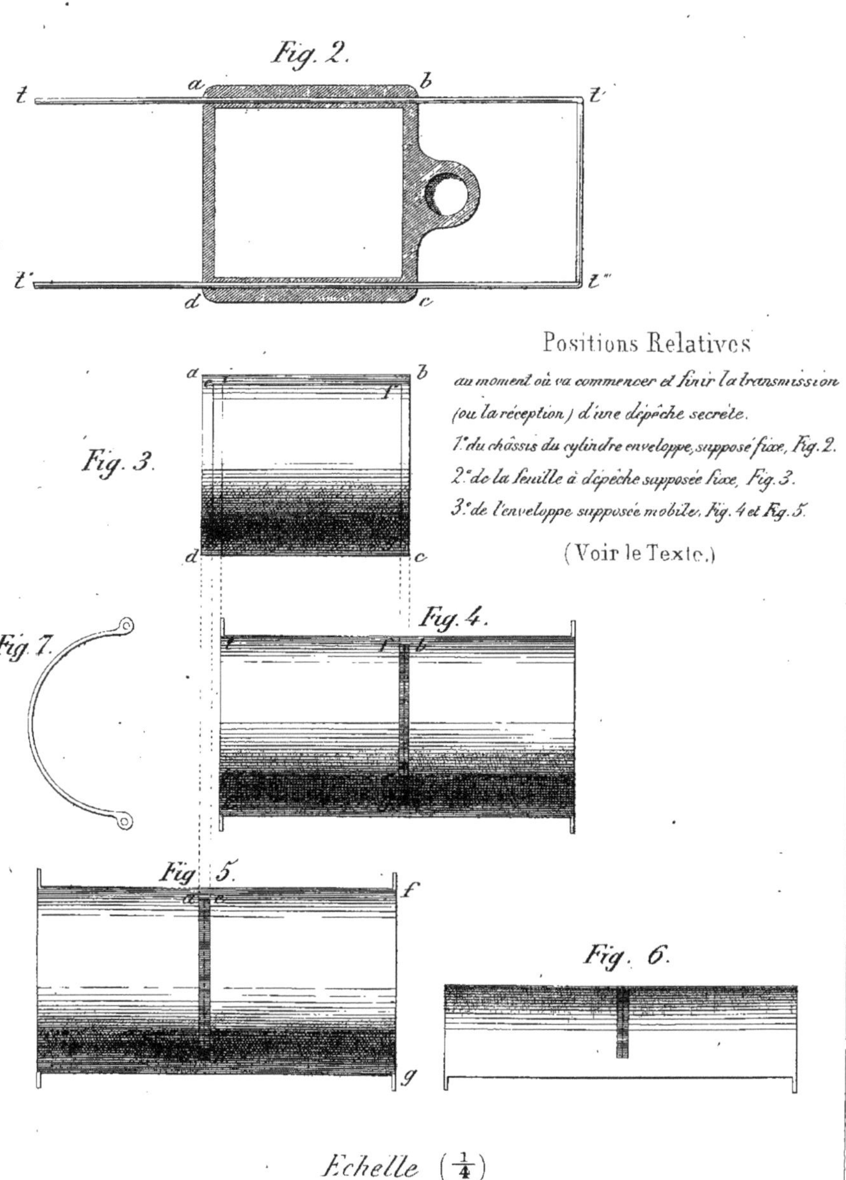

Positions Relatives
au moment où va commencer et finir la transmission (ou la réception) d'une dépêche secrète.
1° du châssis du cylindre enveloppe, supposé fixe, Fig. 2.
2° de la feuille à dépêche supposée fixe, Fig. 3.
3° de l'enveloppe supposée mobile, Fig. 4 et Fig. 5.
(Voir le Texte.)

Echelle $(\frac{1}{4})$

Fond de la boite vu de face.

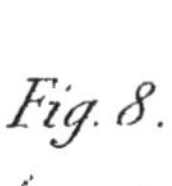

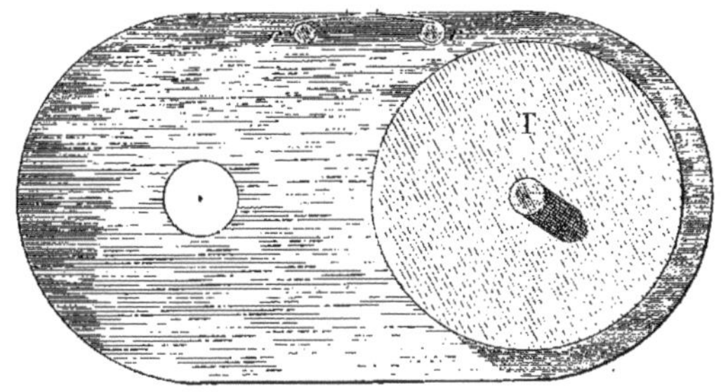

Fond de la boite vu de profil.

Fig. 9.

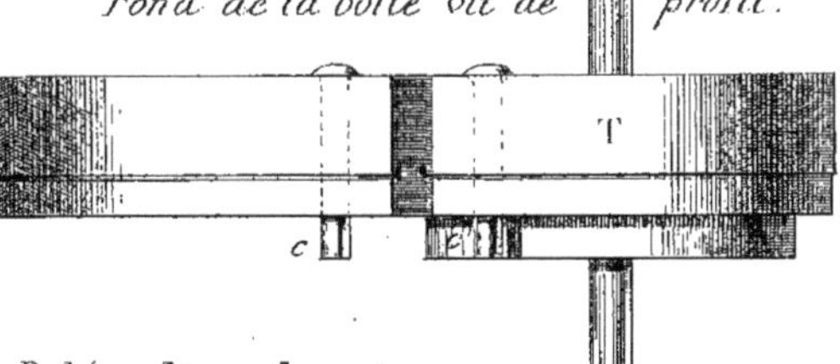

Bobine d'enroulement. *Bague de deroulement.*

Fig. 10. Fig. 11.

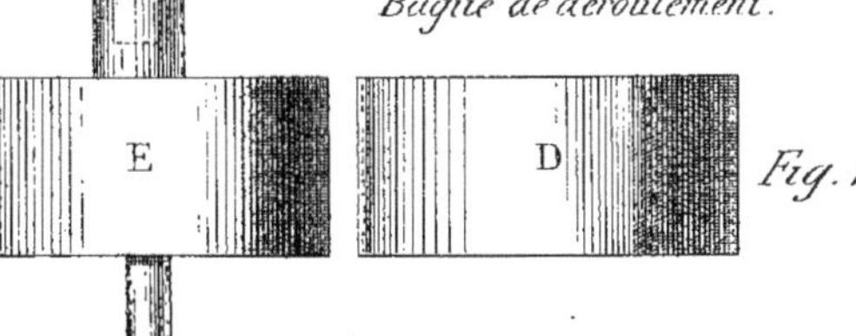

Boite fermée la bande etant en place.

Fig. 12.

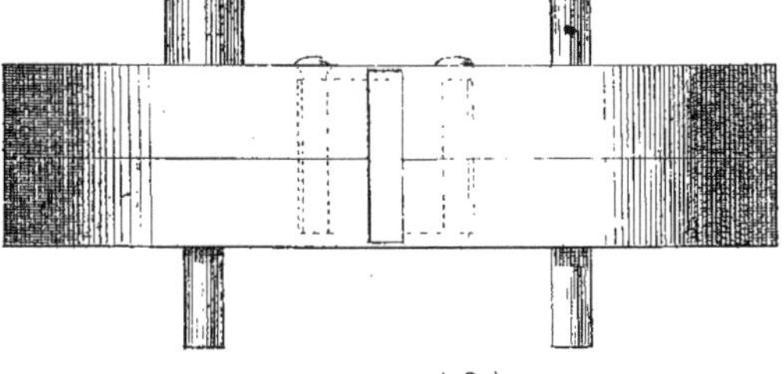

Echelle $\left(\frac{2}{3}\right)$

Lith. Oberthur & Fils à Rennes

PL. IIII.

Fig. 13.

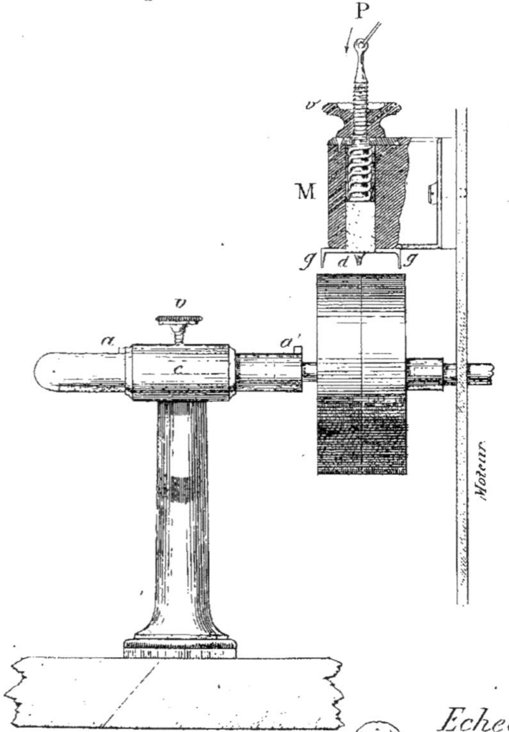

P

v′

M

g d g

v

a a′

c

Moteur

Fig. 14.

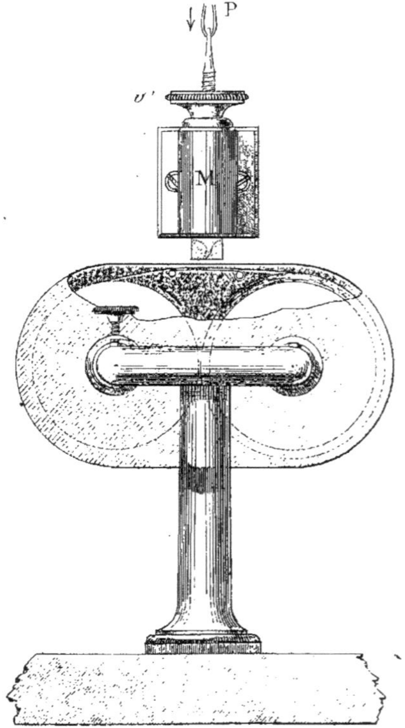

P

v′

M

Echelle $\left(\frac{1}{2}\right)$

Gernet del.

PL. V.

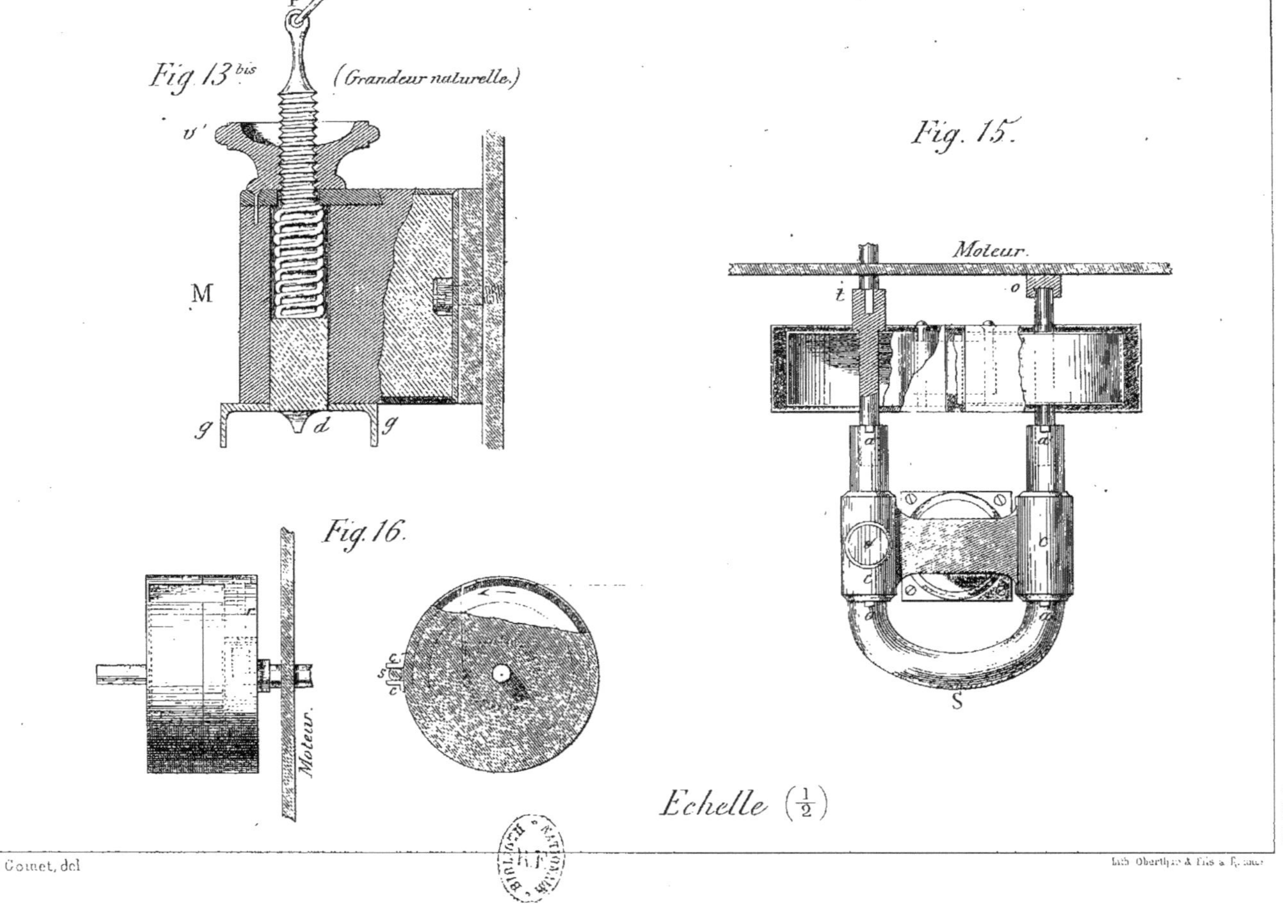

Comet, del

Lith. Oberthür & Fils à Rennes

PL. VI.

SYSTÈME MORSE COMBINÉ.

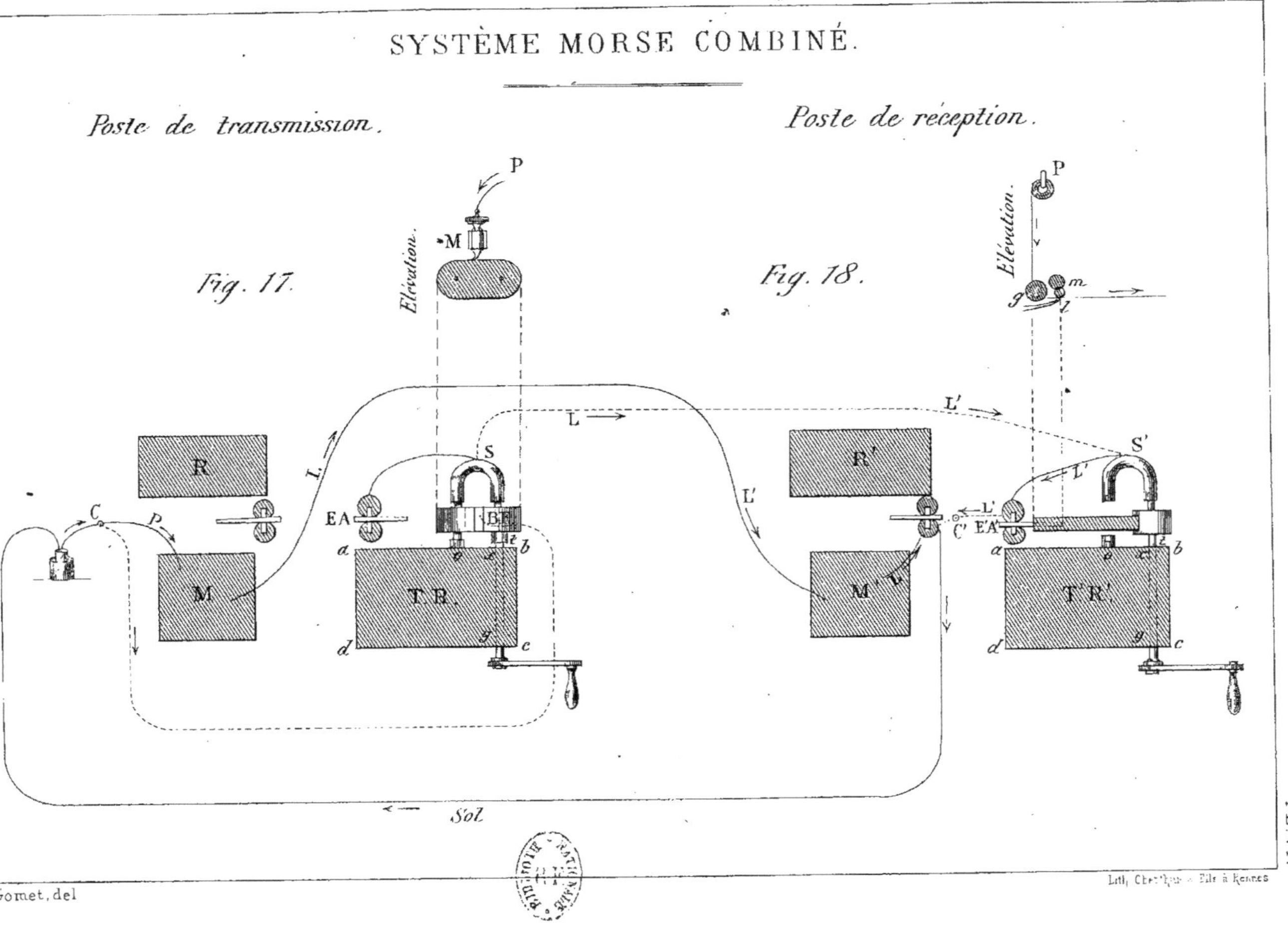

Gomet, del

Lith. Chevalier & Fils à Rennes

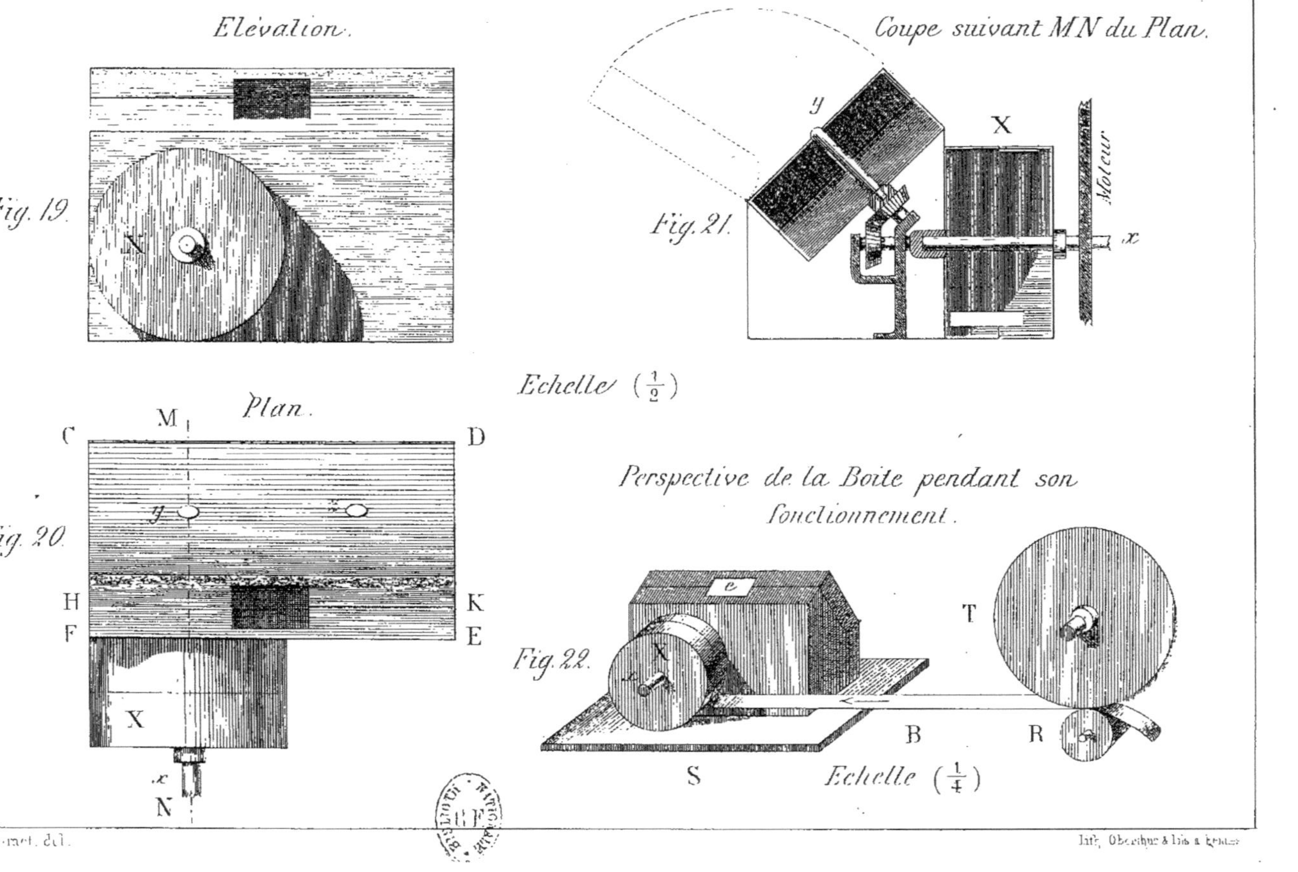

Garnet, del.

Lith. Oberthur & fils à Rennes

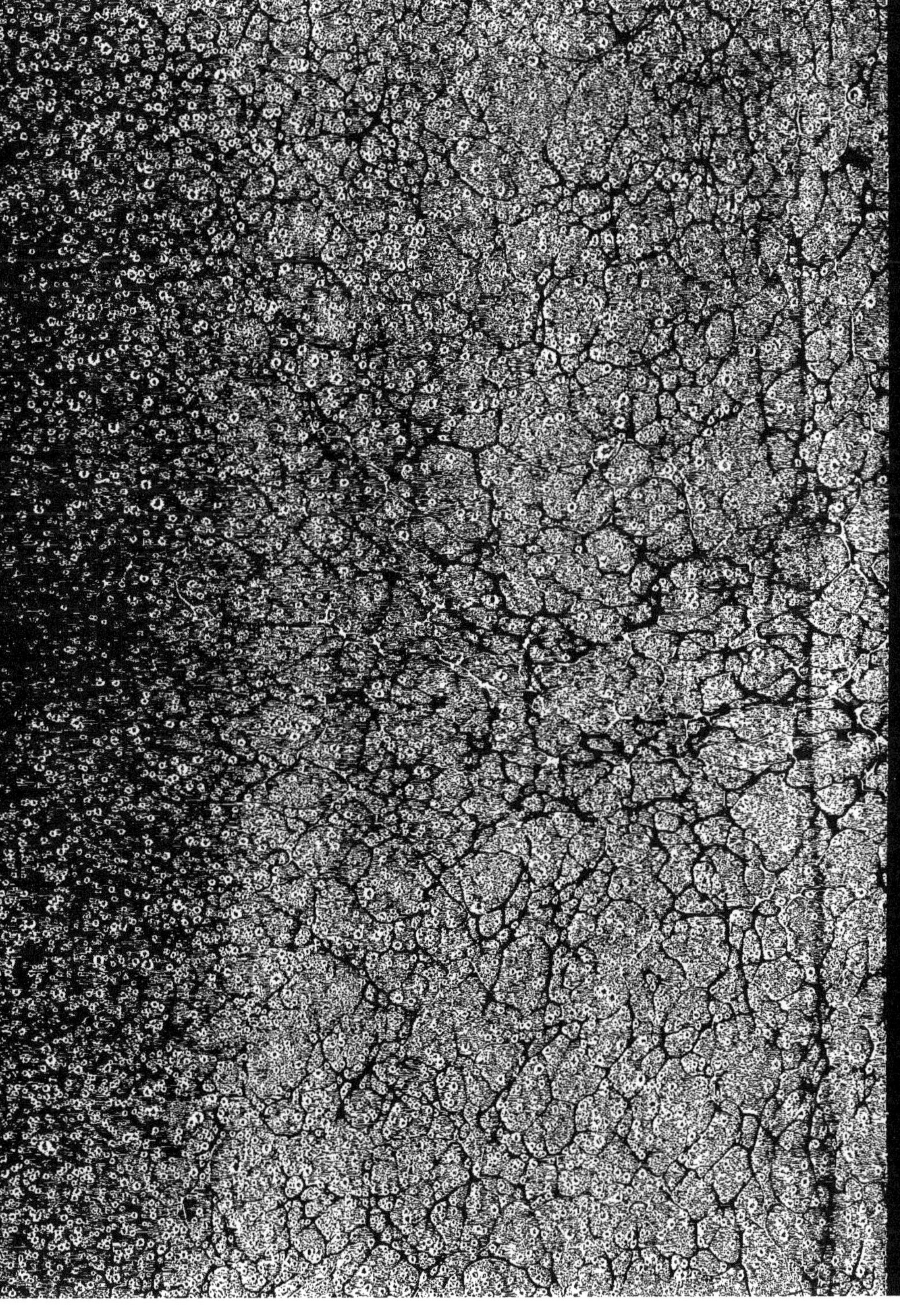

www.ingramcontent.com/pod-product-compliance
Ingram Content Group UK Ltd.
Pitfield, Milton Keynes, MK11 3LW, UK
UKHW021046230726
13926UKWH00004B/1668

9 782013 680936